一念花开

李丹 著

WUHAN UNIVERSITY PRESS
武汉大学出版社

图书在版编目(CIP)数据

一念花开/李丹著.—武汉：武汉大学出版社,2020.12
ISBN 978-7-307-21852-9

Ⅰ.一…　Ⅱ.李…　Ⅲ.心理学—通俗读物　Ⅳ.B84-49

中国版本图书馆 CIP 数据核字(2020)第 194783 号

责任编辑:王智梅　　责任校对:李孟潇　　版式设计:马　佳

出版发行：**武汉大学出版社**　(430072　武昌　珞珈山)
(电子邮箱：cbs22@ whu.edu.cn　网址：www.wdp. com.cn)
印刷:武汉市金港彩印有限公司
开本：880×1230　1/32　印张:8　字数:186 千字
版次:2020 年 12 月第 1 版　2020 年 12 月第 1 次印刷
ISBN 978-7-307-21852-9　定价:39.00 元

前 言

不管你是曾经在亲子关系中感到焦虑，还是曾经在亲密关系中感到抑郁，那都是一段痛苦的时光。不管是身体出现了问题，或是情绪出现了问题，还是关系出现了问题，最后解决这些问题的方法，除了寻求专业人士的帮助之外，唯一的路，就是不断学习和自我成长。

患上情绪障碍的人，很多都不能被家人理解。不是因为他们的家人不爱他们，而是因为他们的家人没有经历过，无法对这个病情有正确的了解。有的人自认为强大，不会和情绪障碍相遇，却在退休的时候遇到了；有的人认为自己仕途顺利，不会和情绪障碍相遇，却在突然面临家庭变故的时候遇到了；有的人认为孩子只是简单的学习，不会和情绪障碍相遇，殊不知，许多孩子焦虑和抑郁的根源就来自初中和高中阶段。

在成年人的世界里，即便你生病了也无处可躲，因为没有人替你遮风避雨；你甚至都无处诉说，只能在黑夜里一个人哭泣，因为你的表述得不到你需要的理解和支持。在很长的一段时间里，我和所有情绪障碍的人们一样活在黑暗中，看不见天空，感受不到快乐，甚至不能走出家门。

在探索这条回归阳光的道路上，我才发现，几乎每个家庭都会有情绪障碍的人。他们有的开始就医，有的逃避治疗，有的得不到家人的陪伴和温暖，有的和我当初一样因为没有找到正确的方法而惊慌失措。

瞬息万变的世界，有太多的东西和以前不一样：孩子还是那个孩子，只是成长的环境发生了巨变；婚姻还是那个婚姻，只是我们对婚姻的要求不再是简单的“嫁汉嫁汉，穿衣吃饭”，在彼此都可以经济独立的日子里，我们对精神世界有了更多的要求；我们担心自己跟不上时代的步伐，我们担心自己跟得太快而没有停留的时间，每个人的内心似乎都有着完美主义的倾向，害怕病，害怕老，害怕孤单，害怕失败……

四季从不会因你的害怕而停止脚步，自然规律从不会因你的焦虑改变规则，怕或者不怕，该来的始终会来，该走的最终会走，人生就是如此。而我们能够把握的唯有自己一颗经过千锤百炼的心，因好奇而愿意去探索世界，因喜欢而愿意去追寻梦想，因舍得而获得内在的宁静和自由。

回想这几年我自己在黑暗中穿行的时光，得到了很多朋友的帮助，是他们温暖的手牵引我未曾走向极端，是他们给予的治疗方式让我不再感到害怕。于是，此时此刻的我希望能做点什么，帮助他人，帮助更多的人了解情绪障碍，梳理家庭关系；帮助更多的人回到正常的轨迹，如森田所说，带着症状回归生活。

人生就是完成一场自己对自己的修行：不管你曾经历过什么，遭遇过什么，拥有过什么，失去过什么……沧海桑田之后，最后终能带着感恩的心去接受一切，珍惜当下，心存美好。

愿世间所有的相遇都是温暖和良善，而非冷漠和伤害。愿您千帆过尽，尚有初心！愿您在天堂地狱落差之后，在成魔成佛的纠结之后，终能化解心结一念花开！

目 录

第一篇 亲子关系

第二篇　情绪障碍

第三篇 自我成长

第一篇
亲子关系

——孩子是大人的穿衣镜，他身上有多少是你自己？

亲子关系是家庭关系中很重要的一环，随着孩子渐渐长大，家长们似乎越来越从亲子关系中感到无奈、无助和无力，现在的孩子哪个“Hold”得住，现在的妈妈们又有哪个不焦虑？

亲子关系是从孩子出生就和父母产生的一种连接关系，孩子来到这个世界，父母是他的第一位老师，他的很多习惯和思维方式都承袭于家长的影响，如果有一份持久的礼物可以送给孩子，那一定是父母对彼此的爱；当你在孩子不听话时焦虑不安，先安静下来找找自己的问题；当孩子渐渐离开了你的怀抱和视野，那么请用工作事业兴趣爱好来充盈自己的生活，别让失落的情绪影响孩子高飞的脚步……

孩子是老天送我们的礼物，每一个孩子都是独一无二的珍品，在亲子关系中，我们有太多的话题，有太多共同成长的机会，找到亲子关系中最合适的相处模式，因材施教，让每个孩子都能踏光而行。

想好了再生

看到越来越多的家长关心亲子教育、重视亲子关系，提倡身心健康，我是忧喜参半，有欣慰也有担忧。欣慰的是我们终于从“生一个孩子让他吃好穿暖就行”中往前走了一步，开始更加靠近马斯洛的精神追求；担心的是我们是不是把更多的焦点放在了孩子的身上，去要求孩子，期待孩子成为家长心目中的样子？

01

亲子关系的背后折射出来的不仅仅是孩子的问题，而是家庭的问题，曾经有来做咨询的家长对我这句话有很大意见，非常不满地对我说，我的家庭很好，家人也很和睦，对孩子的教育也是尽心尽力，为什么你要说我们的家庭有问题？我不知道这句话触痛了她的哪根神经，所以我对每一个来咨询亲子关系的家长都说，如果你仅仅是为了改变孩子而来，立竿见影是做不到的，但是如果你愿意从改变自己开始，从家庭方面去找到源头，那么一定可以静待花开。

孩子来到这个世间时，犹如一张纯洁的白纸，他的性格养成有遗传的成分，但是所占比例不大，更多的是后天的培养，这种培养是由家庭、社会和学校三个方面共同进行，其中最重要的是父母。当有一天家长突然发现这个孩子不听话了，他不喜欢学习，他会撒谎逃课，他开始早恋，他有了一些不良习惯的时候，家长只是简单地去指责孩子的对错，而忘记了在这张白纸上描绘蓝图的人不正是你自己吗？

所以，想要改变孩子，作为家长的需要先改变自己。

02

二胎政策放开的时候，有很多人都在生和不生之间犹豫徘徊。有人问我，生还是不生？我不能代替任何人做决定，我只是建议，想好了再生。那需要想好什么呢？想想为什么要生这个孩子，是指望他出来给你养老吗？前段时间我去早餐店里吃早饭，遇到两个退休的老太太，一个带着孙女，另一个带着孙子，两个孩子都是因为那段时间阴晴不定、温差太大的天气生病了，不能上幼儿园，所以在家休息，两个素不相识的老太太互相吐槽，声音大到整个早餐店都能听到："不知道生个孩子干什么，养了大的，还要养小的，带了儿子还要带孙子，他们病了，你要照顾，你病了，他们也没时间没精力照顾，还得自己请人照顾自己，或者自己照顾自己，身体好才是真的，所以想靠孩养老，那几十年后你恐怕要深深地失望。不孝顺的就不说了，孝顺的他有工作有孩子，还有自己的小家要顾，分身乏术，有多少时间来照顾你呢？"这样的真实表述，想必也是很多普通人在养育孩子过程中会遇到的问题。

生了孩子，指望他陪你打发时光？小的时候他的世界里面都是你，长大了，他和你在一起的时间会越来越少，你若没有自己的兴趣爱好、事业朋友，终有一日孩子填补不了你的空虚。小的孩子你可以天天抱在手里，长大了恐怕你想抱他一下，还得看他心情好不好、愿不愿意。指望他出来给你挣几分面子，让外人看你儿女双全，看你龙凤呈祥？那面子的背后是日复一日、年复一年的琐碎和操劳，你可有足够的耐心承担？而最后孩子可能无法如愿成龙成凤，只是大千世界中的普通一员，你是否又能坦然接受？指望他出来帮你维系家庭关系，牵住某个人的心？实质性的问题不解决在现在这个年代恐怕一个孩子的出生只能治标不治本，一个人可以是一个好父亲好母亲，但不一定是一个好丈夫好妻子，这样大的赌注你确定你能赢吗？

03

经常有新闻会报道一些关于生孩子的事件，比如某某是个重病患者，不久于人世，拼命诞下一子；某某身怀绝症，依然为爱人孕育下一代生命。每次看到这样的新闻，我都会有一点哀伤，我不知道这样的做法是为爱还是为义。他们可曾考虑过这样降生的孩子会带着什么样的心态负重成长？那些用在妈妈身上治病的药会不会在孩子的体内留下后遗症？对于男人来说一个孩子可能只是十几分钟的事，一个女人要孕育十个月，往后的养育更是辛苦艰难，就好比取经路上八十一难的修行，你是不是做好了准备？

想好了再生，这是对自己负责，对生命负责，对孩子负责。

医学的进步让我们看到最难的不是生，而是养。生只是短时间的撕心裂肺，而养育却是漫长岁月的消耗和较量，是一场斗智斗勇的自我修行。

孩子不是你的附属物品，不是你的炫耀工具，也不是你的依仗和依靠，他只能是一个独立的生命个体，存在于天地间，不带任何目的，只是因为爱而来到人间，完成属于他自己的生命历程！

生娃，只是父母任务的开始

一直以来，在咨询中听很多人跟我讲他们的成长故事，有的现在还是未成年，有的已经长大成年，在听了他们的故事以后，我也问过一些娃的父母，你生娃究竟为了什么？或者说你是为谁生娃？于是我听到各种版本的答案：

1. 娃是个意外，既然来了，那我们就生下他。

2. 我本人是不想生娃的，但是若我到这个年龄还不生个娃，估计别人会觉得我有问题。

3. 娃总是要生一个的，生了就完成任务了。

4. 结婚了自然是要生娃的，生个娃完成爹妈交给我的任务。

5. 我喜欢娃，所以我生个娃。

6. 和我先生(我太太)商量好，我们要个爱的宝宝。

7. 身边和我差不多大的都生了，我好歹也要生一个吧，有个交代！

8. 先生出轨了，婆婆说生个男娃，先生就回家了。

9. 我们家里有个规定，家产按照孩子的数量来划分。

10. 我想有个娃，因为我想陪着他长大！

……

不知道你是哪一种？

生娃，只是父母任务的开始，而不是父母任务的结束。生只是十个月的艰辛和分娩那一刻的痛苦，而养却是未来漫长日子的需要用心完成的任务，时长一辈子。

经常听妈妈聊现在养娃酸甜苦辣的同时，又开始聊起二娃的事情。有的妈妈说，我是想生一个老二的，觉得我家老大太孤单，我想给他生个伴。有的妈妈说，我老大是个姑娘，我还想要个仔仔，有的正好相反，说有仔仔了，还想要个公主。还有的只是为了完成某个任务，所谓的任务就是婆婆或者老公交代的再生一个，或者是家族大家都生了老二自己还没有生老二，再或者是生个老二会在经济或者面子上有某种收获。表示不生二胎的也有各种各样的说法：有说年龄大了，生出来的孩子总是担心质量，有说再养一个孩子精力不够，还有的是家里的经济负担会比较重，还有的是家里就没人帮忙带，还有的说这一个都焦头烂额了，如果两个还不把屋顶掀了。

有个妈妈的回答让我非常感动：如果我要孩子，一定是因为我自己想要一个孩子，和挽救婚姻、讨好老公婆婆、给老大生个伴、为跟谁攀比挣个面子都没有关系。而我在知道二胎政策后，也问过自己，要不要二胎，但是想到养育第一个孩子的艰辛，我是不会再要二胎的，因为我无法做到像爱老大一样无私地爱老二，既然我做不到无条件的爱他，我还不如不生！

很早以前我有个邻居，她的先生很有钱，所以她做了全职太太，在我认识她的几年时间里，她一直都在生孩子、养孩子，第一个孩子是个女孩，先生不满意，因为是剖宫产，所以在孩子刚刚两岁的时候，生了第二个，老二还是女孩，先生还是不满意。

但是医生说因为两个都是剖宫产不建议生第三个了。那个时候我在电梯里遇见她时，她的后面通常跟着两个保姆，保姆带着两个孩子去医院，或者是去培训班，很少看见她一个人出去做自己的事情。等到老二快三岁的时候，有一天她来找我，说想和我聊聊，说她还想生老三，相比较她的先生这么大的家业如果找个别的女人在外面生个儿子，还不如自己再给他生一个，虽然医生说她再生可能会有性命危险，但是她还是决定赌一把。说的时候她哭了，我一直知道她家很有钱，她总是豪车出门，保姆贴身，但是那天我发现生孩子并没有让她快乐，而是成为了她一直没有完成的任务，是一个沉重的负担。后来她老公真的在外面有了孩子，那段时间听到她吼老大、训老二，直到知道外面的孩子还是个女儿，她又开始各处寻医问药，吃各种生男娃的偏方，那两个女儿也多半是丢给保姆看管，再后来她终于又怀孕了，还没看到结果的时候，我就从小区搬走了，再没有联系过，我并不知道她拼命一搏后是不是能完成生儿子的任务，是不是能让婚姻有了安全感，但我知道这辈子她可能很难为自己感到快乐！

若生孩子就是完成任务，对全世界有个交代，而未来的岁月你却成了甩手掌柜，任凭孩子随波逐流，那么你会受到更严重的反噬。若你觉得生孩子就留住了婚姻，那我只能为这个孩子感到悲哀，因为她一出生就为你背上了这么沉重的担子，如何能快乐成长？若你觉得生孩子就是满足了别人的需求，有了面子，但外人谁能体会你带孩子的艰辛，谁能帮助你养孩子的拮据，谁能分担你心灵的焦虑，相比无数个日子的付出，面子又值几分？

有人问我，你生老二吗？我说不生，和年龄无关，和经济无关。只有两个理由，一个是和前面那个妈妈一样，我做不到再像爱我大宝一样去爱下一个宝宝，我觉得对他不公平。第二个，我想留一些时间给自己，带大一个宝宝需要多少年吃喝拉撒的照顾，需要多少的牺牲和付出，而今，我想留一些时间给自己，去自己想去的地方，做一点自己想做的事情，和喜欢的人安静地呆着喝个茶晒晒太阳，和琴友来一曲高山流水云水禅心，写几本能助人助己的书，帮助更多的孩子在温暖的家庭氛围中健康的成长，留一点钱给自己用，在周游世界的时候，可以坐头等舱，可以住五星级，可以在养老院里和一帮老太太打麻将，而不是当一个无条件付出的妈妈。

我的大宝需要玩伴，他自然会去寻找他的同学朋友，他的表兄弟姐妹，我如果觉得孤单，自然可以去发掘自己有兴趣和喜欢的事情，没有必要让孩子牺牲。

生孩子，只能是因为爱而生，只能是为自己生，只能是自己有丰盈的内心，有足够的爱陪伴他一生，有能力和条件给予他有质量的生活，而不是指望生一个孩子来改变自己的生活，否则又何必带他来人间受苦。

养育一个孩子，我和他一起成长，也是人生一段有趣的行程，一种体验，而余下的岁月，我想留给自己。因为我知道婚姻，不是一对男女关系的结束，而是一对男女关系的真正开始。生娃，不是父母完成任务的结束，而是父母接受任务的开始。若想幸福，需要一辈子无条件的爱和不断的经营付出、内观成长，否则即便有情人终成眷属，即便儿女双全，依然是一地鸡毛、烦乱争吵，与幸福遥遥相望。所以父母的任务，有着沉重的责任，莫言轻易开始，莫言轻易放弃。

养育孩子，不是妈妈一个人的事

在养育孩子这件事情上，父亲和母亲都具备同等的责任，但是在现实社会中，养育孩子的责任基本都落在了母亲的头上，而赚钱养家成为父亲在养育缺失方面最好的理由。

在孩子的不同年龄段对父亲和母亲需求的重点不同，孩子幼小的时候，对妈妈的需求会更多一些，随着年龄长大，孩子对爸爸的需求就会超过妈妈，特别是在男孩的家庭中，爸爸的存在和参与、肯定和欣赏才能给孩子更多安全感和自信心。如果说妈妈的情绪会对孩子的成长有很大影响，那么爸爸的性格和为人处世的态度对孩子的成长同样具备很大的影响。

父母关系是孩子安全感建立的关键，父母关系好，孩子的安全感必然充足，父母关系不好，孩子的安全感必然缺失。安全感缺失的孩子必然会在成长的过程中积累很多的负面情绪和古怪的行为，这对孩子健全人格的形成会有影响。现在离婚率如此居高不下，父母是不是为了孩子必须要去维系一个不快乐不健康的家庭体系，并非如此，来自婚姻教皇约翰·戈特曼在西雅图爱情实验室里多年的研究结果反映出一个重要信息：为了你的孩子而维持一段糟糕的婚姻是不明智的。在一个夫妻互相敌视的家庭里养育孩子显然是有害的，平静地离婚比维持一段战火连绵的婚姻要好得多。不幸的是，平静的离婚难得一见，夫妻间的相互敌意通常会持续到分手之后。出于这个原因，遭遇父母婚姻冲突的孩子和父母离异的孩子同样悲惨。所以，从这句话，你是不是会读到某些信息。不是为了孩子，父母必须在一起，而是不管父母是否在一起，双方彼此能够没有敌意地去共同抚养孩子。

如果在教育孩子的过程中，父母有任何一方是缺位的，那么孩子必然会在性格和情绪上出现状况。现在看起来是父亲缺位的家庭更多，因为来咨询室想帮助孩子或者自己解决问题的多是妈妈，愿意每天花几分钟时间来分享学习以及参加一些亲子沙龙的也是妈妈，爸爸可能真的很忙，忙到有的父亲连孩子在哪间学校的哪个班级可能都不知道，忙的当孩子出现状况的时候，爸爸会推卸责任给妈妈，或者干脆用最简单粗暴的方式武力镇压或者是物质满足……这样的办法，不能解决出现状况时背后的真正原因，状况下一次还是会换一种方式出现，所以当家长指责孩子怎么会有那么多古怪的行为，比如攻击其他的孩子，比如经常性的愤怒，比如不愿意去上学，比如沉湎游戏不能自拔，比如孩子比其他孩子敏感的时候，应先让自己冷静下来，思考一下，在孩子成长的过程中，父母是否都在，父母的关系是否良好而没有敌意，父母养育孩子以及处理事情的行为是否合适，孩子内心的安全感和自信心是不是充足，等等。如果的确不够充足，那么学习过后的父母可以慢慢补上，这样孩子日后的古怪行为就会减少，情绪也会慢慢稳定。当然所有的这一切，不是妈妈一个人的努力。未来，我们的家庭可能会有更多的模式出现，再婚、重组、隔代等，也会有更多宝宝的出现，大宝、二宝、三宝，以后，他们也会做其他孩子的父母，他们沿袭的很多东西就来自于他们现在成长的原生家庭中。

约翰·戈特曼在他的书《幸福的婚姻》中提到家庭关系的幸福和谐会是健身房跑步机上获取健康的3倍，健康长寿幸福的生活是每个人都期待的，那么父母保持良好的关系，以合作和谐的方式来养育孩子，会给大家带来健康长寿和幸福。孩子是父母的孩子，养育是父母共同的养育。

我们错过的，总是父爱吗？

咨询室里来咨询的孩子们，我常常会问他们三个问题：

第一，一周内爸爸陪伴你的时间有多久？回答：很少或者没有。

第二，一周内家人在一起吃晚饭的时间有几次？回答：一两次或者没有。

第三，在你心目中爸爸是个怎样的人，可以用几个词语或者一幅画来表达？答案各不相同，但相同的是这些孩子们对爸爸的爱既有渴望，又有避免自己失望而故意远离排斥的假象，缺位太久的爸爸们，你们听到孩子心中的呼喊吗？

孩子放暑假，几家人组织出去玩，在朋友圈里晒照片，清一色的妈妈带着孩子。再问这些孩子的爸呢？有的要加班，有的自己有事，有的不想来，理由种种，就是一群妈带着一群孩子，一个男性导游成了孩子们喜欢的队长。

学校要开家长会了，密密麻麻的教室放眼望去，女多男少。按照每次开家长会的签到数来看，好像所有的妈妈不管是什么职位，都有请假的理由，而爸爸是不可以的。医院里带孩子看病的多半也是妈妈、外婆、奶奶，女性的人数远远大于男性。

小升初，初升高，高升大，各种学校不同的招生会，不同的宣传活动，参加交流的也多半是妈妈，偶尔有一两个爸爸就成了家长群中的“熊猫”，帮助孩子在人生重大的时刻来做选择也是妈妈为主攻。就如在我的咨询或是亲子教育的课堂沙龙，来的 90% 是妈妈和孩子。

我总是很感触，现在的社会，女人上得厅堂下得厨房，能养家能持家，能上能下，能高能低。高处不炫耀，低处不气馁，一个人可以过得自由快乐，一家人可以过得有担当有情义，还总能在不同生活的处境下给自己找到一条通往淡泊平静或者快乐开心的路。女人已经可以很好地走向社会，而男人还没有做好回归家庭的准备。

有个朋友说：“找个颜值高身体好的男人只为生育一个孩子，我自己完全可以养大这个孩子，要的无非就是他的那点基因。在养育孩子的职责上，如果你过高地期望男人，或希望两个人一人一半，那最后你只有在失望中痛苦，所以我从不期望。”平时孩子在寄宿学校，她赚钱养家，放假了，她带着孩子出差旅行，见习她的会议，参与她的谈判，孩子没有成为她的负累，反而促成了公司的业务蒸蒸日上，而孩子也学到了更多校园里没有的知识。

从孩子的养育特点来说，孩子在 3 岁以前对母亲的依赖要大于父亲，在 3 岁以后，父亲就会显得越来越重要，直到和母亲在育儿的作用中平分秋色，但是中国家庭父亲很难做到。有朋友形容她的先生：公司的会议比家长会重要，朋友的聚会比陪孩子周末吃晚餐重要，计划一家人的旅行总是去不了。

《酒干倘卖无》讲述了一个聋哑的父亲靠卖瓶子养育一个孩子的故事，苏芮每一次声情并茂的演唱都能让人觉得沉甸甸的父爱和伟大；电视剧演的《养父》情真意切，有时候情谊比血缘更让人无法割舍；腾讯新闻武汉站曾发了同济医院的一个医生每年陪伴女儿旅游做的照片集锦，每年一张，那十几年如一日的照片格外让人感动。记得在外企上班的时候曾经参与一个重要的会议，因为讨论的时间比较长，结束后已经华灯初上，大家邀约共进晚餐，对方的老总站起来温和而礼貌地对我们说：非常抱歉，我知道这次会议很重要，远道而来的客人也很重要，但是今天是我儿子从学校回来的周末，我必须回家陪他吃饭，这是我们的约定，我要遵守。他用中文和英文重复了两遍，得到的是大多数人共同的掌声和目光中的认同，这个订单最后顺利签订的原因之一，对方说是因为这个老总尊重契约的精神和对家庭、孩子的责任。

人说父爱如山，因为山让人觉得踏实而有依靠，更是孩子成长过程中不可替代的情感需要，当你突然有一天发现站在面前的孩子长高了长大了，好像还没有做点什么，孩子已经不需要你的陪伴了，他有了自己的生活，自己的朋友，自己的思想，自己的规划。终有一天，你迈入迟暮，从你认为重要的位置上回归家庭，你开始惦记那个小小的婴儿，那个手胖嘟嘟的孩子，似乎还没有牵够，他就已经离开了你的视线，你问孩子能不能多回来陪陪你，孩子说，我很忙！

不要因为某个节日到了，我们才想起父亲，也不要因为节日到了，我们才想起自己也是父亲。但愿每个孩子都没有错过父爱，那是如大山一般的情怀！

孩子不慌，我等着你慢慢长大！

写这篇文章并不是因为我有什么成功的教育方式，更不是因为我有一个多么优秀的孩子，我只是一个普通的妈妈，也有一个让我不断操心、不断烦恼的普通孩子。我也是第一次做家长，也是摸着石头过河，在磕磕绊绊中将孩子拉扯长大。

怀着孩子的时候，觉得身体和生活各种不方便，那个时候我总是会对我的妈妈说："真想这个小东西早点出来，这样我就解放了！"妈妈总会笑着对我说："等他出来，你还想解放？你这一辈子都解放不了了。趁着现在他还没出来，赶紧自己再自由几天吧！"那个时候还不能体会妈妈这句话的含义，十几年弹指一挥间，当白发和皱纹都展现了岁月的痕迹，才真正体会到养育一个孩子的辛苦，也才真正懂得开始孝顺自己的父母。

是的，正如妈妈所说，有了孩子，就再也没有解放的时候。他咿呀学语的时候，觉得不能说话不好玩，就想着他早点会说话会走路；会说话会走路了，一个不留神就弄坏了这个、摔坏了那个，又想着他赶紧能上幼儿园，这样我就不用每天在家围着他转了；上了幼儿园他就开始成天生病，医生说再大一点就好了，又盼着孩子再大一点。终于他上了小学，新的问题又来了，先是哭得一塌糊涂不肯去上学，接着是字写得歪歪扭扭。等学校的环境适应了，上学也开心了，身体也好了，又进入了青春期，叛逆厌学，找你要自由要民主，完全不服从你的管教。更重要的是，心你是要操的，钱你是要给的，但是我不跟你玩了，我有我自己的生活空间和想法。每个阶段都有每个阶段不同的问题和烦恼，往后走也是一样，所以正如我妈妈的经验之谈，有了孩子，你这一辈子都不要再想着解放。既然解放不了，那就换个思维，就当再给自己一次成长的机会吧。

接触每一个孩子时，我们都会在孩子身上看到他背后家长的身影。孩子的性格特征和他的家庭环境、父母性格有着必然的关系。我不喜欢简单地用成功和失败两个词语来评价一个家庭对孩子的影响或者一对父母对孩子的教育。什么是成功，什么是失败，每个人都有自己的衡量标准。我的衡量标准就是每天吃好饭、睡好觉，身心健康开心快乐自食其力地活着，而在绝大多数中国教师的眼里，学习成绩好、用功听话、遵守纪律就是好孩子。这样的家庭教育就是成功的教育，反之就是失败的教育、有问题的教育。那些考入名牌大学却因为心理问题做出极端事件的大学生，哪个成绩不优秀？再说得长远一点，一个学习能力非常强，可是在未来生活事件人际关系的处理上却情商很低的孩子，我们应该说是成功还是失败？

家长是孩子第一个老师。最好的教育不是说教，而是以身作则，你是什么样的人，你的孩子就是什么样的人。我曾经是一个很焦躁的人，脾气不好，遇到事情喜欢着急发火，开始我并没有意识到这是个问题，等我儿子青春期的时候，我发现他和我一样，敏感焦躁，喜欢发火。后来我反思他是受我的影响，所以我没有批评他，而是自我调整，我发现，只要我的情绪一直是温和的，他即便有情绪也会很快平静下来。到后来，他已经能够调节自己的情绪。所以，做好自己，就是给孩子最好的榜样和教育，要有信心！要有耐心！

经常会有家长或者朋友问我关于孩子的问题，其实对于孩子我曾经也是一头包，从小到大孩子身上也有这样那样的问题，也会每天层出不穷地出这样那样的状况，有时候我就像是他的救火队员。但每救一次火，我就会去反省自己在哪里出了问题，然后及时调整改正。这种调整和改正不会立竿见影地在孩子身上起作用，比如说你的业余时间是以打麻将为主的，你突然改成了看书，你不要指望你的孩子也会在一天之内变得爱看书，只有坚持下去，并且让孩子察觉到你在看书中得到了改变和收获，才能潜移默化地影响他，才有可能让他步你后尘爱上书。你对人对事的处理方式如果是积极乐观豁达大度的，孩子也会一样，如果你是消极悲观、斤斤计较的，孩子也会一样。所以家长的行为和思维模式会在时间的长河中影响孩子，我们要有耐心！

我们的孩子出生在一个特殊的时期，先是独生子女，再是二宝家庭，也是结婚离婚手续变得最为简单化的时期，更是房价开始不断上涨的一个时期，还是互联网的发展日新月异、信息量大到让人不可思议的时期。所以他们身上有着与众不同的个性特征，孤单、敏感、自私、骄傲，他们没有办法选择自己的父母，甚至没有能力改变父母情感关系上的一些问题，他们必须接受超大的信息量，还必须接受这样一个无比现实的社会。或许他们的外形已经长成大人，但是他们的心理上还是一个孩子，他们幼小的心灵要去承受去接受从小没有哥哥姐姐弟弟妹妹陪他们一起玩的孤单，承受一家人对这唯一一个孩子的期待梦想，在习惯了独生子女之后突然要接受多一个弟弟妹妹来分享自己的宠爱，然后还要接受这变化的让人有点看不清楚的社会，所以他们欠缺安全感、责任感。当孩子出现错误的时候，作为家长不能嫌弃他、放弃他、抛弃他，而更应陪伴他、引导他！

没有不出现问题的孩子，但我们也要看到孩子身上闪光的地方。很多时候孩子在某些方面甚至比我们当时还要强。试想，作为家长的我们在一路走来的历程中难道就一直是个好学生、好孩子，不犯错误吗？至少我不是。我曾经和儿子的数学老师探讨过他的数学成绩，我说我的数学成绩原来就经常不及格，对数字我好像天生就比较迟钝，所以我孩子的数学好像也不是很好，她听了以后笑着对我说，那你可以放心了，至少你儿子比你强，他数学可以考及格。

一把钥匙开一把锁，有时候锁坏了，我们需要修理，有时候锁锈了，我们需要上一点机油，不是一把钥匙就能打开所有的锁。即便有了万能钥匙，但后来又出现了密码锁、智能锁，我们只能根据锁的不同变化来调整手中的钥匙。教育孩子也是如此。

虽然我们也会因为考试不理想被老师批评，也会因为意见不合母子吵架，但是我们最终都能找到合适的方式来解决出现的各种问题。我给儿子起了个外号，叫做蜗牛。他很喜欢这个名字，有时候会说妈妈我很想做一只蜗牛，这样不用那么累，不用那么辛苦，一切慢慢来、慢慢来。而且我走到哪里，家就在哪里，等你老了，我还可以背着家，你坐在家里面带你到处去玩。如果你也会害怕孤单，那我去什么地方都把你带上，每次听完这样的话，我都很感动。孩子给了我很多烦恼，但是却充盈了我的生活，让我不断调整自己、自我成长，只为在孩子小的时候成为他的榜样，等他大的时候，我还能跟上他前行的脚步。更为在他可以展翅高飞的时候给他足够的基础，所以孩子不慌，我等着你慢慢长大，并且等着和你一起长大，直到妈妈的白发如霜！

教育就是守望，没有绝对的成功和失败，没有永远正确的方法，对于一个孩子来说，未来的路还长，未来要经历的事情还多，希望大家都能带着爱心、耐心、信心慢慢陪着孩子长大。不断探索最合适自己孩子的那把钥匙，静待花开。

孩子承载不了你的幸福和快乐

来访者小G发现老公在外面有了女人，哭着打电话向婆婆求救。婆婆说："你赶紧生个孩子吧，生了孩子他就回心转意了。"于是小G带着十分的委屈、十二分的艰辛在冷淡纠结的婚姻中努力盼来了一个孩子，接下来的日子却和她想的大不一样。一个人做产检，大部分时间都是一个人照顾孩子。婆婆抱着爱不释手，老公逢人就夸我老婆给我生了个大胖小子，然而面临孩子吃喝拉撒的时候，只有婆婆偶尔帮着照顾，老公却嫌孩子夜半哭闹睡不好觉，干脆搬进了书房，隔三差五过来逗逗孩子，小G在外面攒足了面子，里子却是悲伤哀怨。再接着，为了照顾孩子，小G和婆婆也有了冲突，每日里吵得鸡飞狗跳。小G患上了产后抑郁症。

一段不幸福的婚姻和一个连夫妻感情都无法处理好的男人，不能指望来了一个孩子就能改变。孩子承载不了你的幸福，他的到来只能因为爱，只能因为他是两个相爱的人生命的延续！一个自己都还没有长大的孩子，你指望再多出一个孩子他就长大了，那是痴人说梦！不要把你自己的幸福转嫁成孩子的责任。

来访者小H正逢青春期，总是撒谎骗人，以各种理由不回家，最后发展到逃学的地步。无论妈妈问什么说什么，她都不愿回答。后来善于做思想工作的班主任和小H聊天，小H说，我家里爸爸和妈妈每天都在战斗，没有温暖，没有沟通，我回去干什么？我一回家就感觉很压抑，我过得非常非常不快乐。班主任问妈妈情况是不是这样，妈妈委屈地说，我和他爸爸吵了那么多年了，如果不是为了这个孩子，我早就和他爸爸离婚了，没想到孩子还这么说。

近几年最新的研究表明，并没有确切的数据证明父母双全的家庭比单亲家庭对孩子的发展更好。一个每天环境冰冷或者争吵不休的家庭，没有沟通和交流，即便父母双全，也不会给孩子带来温暖，只会给孩子带来负面的信息。一个父母双方都不愿意付出感觉不到支持的家庭，凭什么让孩子愿意一放学就回家，还要在这个家里让孩子安心学习和生活？

作为父母，孩子承载不了你的幸福，你的幸福需要你自己经营和付出，需要你自己创造和成长。一个家庭中，父母送给孩子最好的礼物，并不是无条件的经济付出、物质满足和无原则的放任自由，而是给配偶的爱和对孩子的陪伴。

35 岁的小洛有过一次失败的婚姻，目前已经是第 N 次相亲失败，有人推荐他去上一次心理课，看看问题究竟出在哪里。因为小洛外貌不错，工作不错，人品也不错，可以说是难得的钻石王老五，和他相亲的人络绎不绝，但是却没有成功的。事后他终于找到了原因，因为他的所有事情都是他妈妈做主。第一次婚姻失败也是这个原因，即便有了自己的小家庭，他还是一切事情都问妈妈。没有哪个女人愿意婆婆过多地介入自己的生活。婚姻指导师说，如果你不解决这个问题，你以后的婚姻还是会出问题。小洛追溯养成这个习惯的原因，是因为父亲意外早逝，妈妈一个人把他带大，而他听到最多的话就是妈妈一个人带大你不容易，所以你要听话。唯有你听话，妈妈才会觉得开心幸福。儿子是一个孝顺的儿子，他不仅听话，而且非常听话，所有的事情都不会有自己的主意，而只听妈妈的话。这样下来，妈妈或许幸福了，但是孩子却无法拥有自己的幸福！

小凡大学的时候放弃了自己喜欢的专业，而是选择了父母喜欢、觉得有面子的医生专业，五年的医科让她倍感痛苦，那些和人体打交道的各种试验、实习都让她夜夜噩梦。但是父母却说家里有一个医生，我们老了看病就不用愁了，有个女儿在某大医院当医生，讲出去是件面上多有光的事情啊。结果，她为了父母的幸福和快乐逼着自己当医生，在结束实习期要独自开始坐诊的时候，也丝毫没有该有的自豪和成就感，她开始焦虑，今天担心是不是给病人开错药，明天担心没有治好病人找上门，从而导致医患矛盾，在失眠中她得了焦虑症。她说，如果我不是为了父母，而是选择自己喜欢的专业，或许今天的我是快乐工作的，但是现在我每天的工作就好像在受刑，他们快乐了，而我却不快乐。

作为父母，孩子承载不了你的幸福，你的幸福不是因为孩子考试分数高，不是因为孩子听话，不是因为孩子上了名校、有一份好的工作，那些是他自己的人生和选择，你的幸福是因为你自己的人生快乐健康，你收获着自己想要的果实，你追逐和成就着自己的梦想，你和自己的爱人一起感受幸福，而这一切只有你自己才能经营，当你有能力经营自己的幸福，孩子会在这种能力中感受到迎向困难的勇气、解决问题的智慧、挫折逆境中的正能量。如果你自己每天哀怨丛生、烦恼不断，喋喋不休、愤怒不平，你的孩子也会和你一样忽略生活的美好，他会顾忌你的开心和不开心，而忽略自己要走一条什么样的路。

孩子是老天送你的礼物，他是因为爱才来到这个人间，他承载不了太重的东西，你的幸福只能你自己去经营和努力，唯有你拥有了幸福和快乐，拥有了面对困境的勇气和智慧，那一张灿若嫣花的笑脸才能给孩子无穷的力量和温暖，让他也能带着温暖和智慧走上幸福的路！

听话，并不是一场权利的较量

有时候，家长会要求孩子按照自己的意愿完成一件事情，而当孩子反抗并且给出一些站在他的立场不愿意去做的理由的时候，家长也许会面对他无辜干净的眼神发现自己竟然无以辩驳，一时语塞。那个时候你会怎么说？“你要听我的，因为我们是你的父母，父母肯定是为了你好。”长大以后，孩子可能会问：“为什么你是家长，我就要听你的？说不定你认为的好，不一定是我认为的好呢？”

很多时候，家长可能也说不清楚为什么做孩子的就一定要听家长的话，可能是自己所受的传统教育就是这样，小的时候也是这样被父母引导教育的：父母一定是为了你好，所以你要听父母的；也可能是家长们认为，我供孩子吃穿住行，所以你要听我的安排；也可能是家长们的经历经验都要比孩子多，为了避免孩子少犯错误少走弯路，所以要听家长的，因为家长的所说所做一定是为了孩子好。总之，为了家长的权威不受到挑战，只能对孩子说，因为我们是你的父母，我们是为你好，所以你当然要听我的。

在孩子看来，如果你们不是我的父母，那是不是我就可以不听你的？如果有一天我不再需要你们经济上的支撑和生活上的照顾，不再接受你给予的一切，是不是我就可以不顾及你们的感受和建议？如果听话只是亲子关系中一种权利的较量，那些在小时候被挤压的情绪就会从青春期的叛逆开始爆发，挑战家长的这种权威。所以，家长们认为听话的孩子变得开始不听话，就是从青春期开始的。

听话，是家长对孩子从小到大说得最多的话。在家听父母的话，在学校听老师的话，出门听大人的话，请人照看要听阿姨的话。你要做一个听话的好孩子，只有听话，才是好孩子。在越来越多的极端事件中，我们去回顾这个孩子的成长历程就会发现，小时候这是一个很听话的孩子，结果他长大了居然会雇凶杀害自己的父母；小时候这是个很听话的孩子，长大了他居然会下毒谋害室友；小时候这是个很听话的孩子，长大了他因为长期压抑情绪得了抑郁症……

家长可以要求孩子听话，因为此时此刻在权利的较量中你是赢家，所以孩子必须服从。在法庭上有个虐待自己父亲的人对法官说，我现在这样对他，是因为小的时候他就是这样对我的，所以我恨他，我一直在等我长大而他变老的那天，可以用同样的方式对待他。

孩子听话，是家长能够放下身段，平和地引导他，听听他的想法，尊重他的不同意见，找到一个折中的方式，让他自发自愿地去接受去遵守，这样的听话才不会有内心的压抑，才不会有扭曲的亲子关系滋长出的仇恨。

作为父母，你有没有想过自己小时候跟父母是如何相处的？父母要求我们听话，你是不是都能够做到？做到了是不是真的感觉是对的，或者是快乐的？有些家长会说，我让孩子听话，是为了让他少走弯路，少犯错误。如果孩子的听话不是心甘情愿地去遵守，家长是不是能 24 小时地控制他的行为、禁锢他的思想，让他听话？

我们生活在一个和以往都不同的时代，这个年代有家长自己都没有接触过的新鲜事物，又哪里有什么经验去告诉孩子，听家长的你就不会犯错？世界那么大，有各式各样的路，有无穷无尽的选择，如果不是在对对错错之间探索，家长也无法知道哪一条道路就是最适合孩子的所谓正确的路。

有的人在意结果，但是经历中能带给我们的财富会比结果让孩子受益的时间更长、更深刻，孩子也需要在磕磕碰碰中成长，因为家长不可能代替他完成成长的职责。他要学会为自己的选择负责，为自己的行为买单，为自己的错误承担后果。

欣慰的是，我已经看到越来越多的家长愿意来学习、内省，静静地思考，不再去简单地要求孩子听话。听话，不是一场权利的较量，而是智慧的成长，听谁的话，怎么听话，为什么听话，说不定有一天，你会觉得偶尔听听孩子的话，也是一种不错的选择。

别把亲子教育变成一场权利的较量，每一个生命都应该被尊重，孩子也不例外。

你代替孩子表达的，是谁的情绪？

01

幼儿园里两个小孩抢玩具，一个孩子显然实力强一些，推倒了另一个孩子，被推倒的孩子一屁股坐在地上哇哇直哭。老师急忙上来劝解，让抢到玩具的孩子把玩具还给坐在地上哭的孩子，这个孩子不愿意，于是也开始哭，结果就是两个孩子对着哭，一片混乱，在家里通过视频监控看到这一幕的家长已经急匆匆地冲到幼儿园。

类似的事件在幼儿园会经常发生，两个孩子玩着玩着就吵了起来，或者哭了起来。急躁的家长会认为是老师没有尽心照顾好孩子，冲老师发脾气，敏感的家长会认为自己的孩子受了欺负，需要找另外的家长或者幼儿园的老师讨个说法，担心的家长会急切地想找到解决这样事件的办法，避免下次发生更严重的事件……

在家长因为这个事件产生各种情绪的时候，那两个孩子已经握手言和，又坐在一起玩玩具了。“我不和你玩了，因为你那天抢我的玩具!”“那我今天不抢了，我们一起玩吧!”“昨天你欺负我了，你必须向我道歉!”“好的，我给你吃巧克力，很好吃的。”……而持续的那些担心、敏感、紧张、害怕，是家长的情绪，还是孩子的?

幼儿的世界是简单的，就让他们的世界继续简单吧!

02

孩子考完试，家长去开家长会，孩子成绩好的家长会很欣慰，被老师表扬后很满足；孩子成绩差的会有烦恼，被老师批评后很愤怒；老师强调学习和各种考试的重要性，家长会感到紧张急迫；听话的孩子，家长会开心，不听话的孩子，家长会无奈。家长的欣慰、满足、愤怒、烦恼、无奈、开心，回家以后会用各种方式传递给孩子。面对家长会的内容，孩子也会有情绪，有因为这种学习氛围带来的焦虑，有努力了但没有考好的失落，也有这次发挥不错的快乐……家长是耐心听完了孩子的话，还是在他还没来得及说的时候，就已经把自己的情绪发泄了出来：怎么考得这么差，真丢人，后面的考试都很重要，你还需要继续努力，我们不是一直在补习吗，怎么这次你的成绩还是没有进步，你们那个某某老师说话真的好气人，你成绩不好，连着我一起训……

现在的孩子都非常辛苦，白天的课程，晚上的作业，周末的培优，节假日的比赛……他们也会有自己的情绪。家长如果没有耐心听听他们的声音，久而久之，孩子真实的情绪就没有了。那些在家庭弥散出来的是家长自身在家长会后自己的情绪，而孩子内心的真实情绪就这样被忽略了。

03

当孩子的某一行为触怒家长或者很多做法让家长失望的时候，家长会对老师说，这个孩子我就教给你们了，你们打也可以，骂也可以。那个时候家长忘记了，他还是一个孩子，他需要在不断犯错中慢慢成长。或者孩子的行为伤害了父母，而父母用自己的情绪还击了孩子，孩子也同样感受到了伤害，在彼此的伤害中，亲子关系就会渐渐疏远。

有的家长很有意思，口口声声说自己的孩子这个不好那个不好，需要大家帮助指出引导，这个时候如果真的有人指出了孩子行为中的错误，这个家长又会非常愤怒，凭什么说我的孩子不好，你这么计较一个孩子的行为，你不知道他还是一个孩子吗？家长的反复变化中，不是孩子有什么状况，而是自己不稳定的情绪。

所以我建议家长们在听到有关孩子信息的时候，先冷静想一想，是不是自己孩子的确有这样的问题存在，如果有，我们怎么去帮助孩子，如果没有，那么我们可以平静地过滤掉这个问题。如果无法过滤，还有冲突在这里，借着这个机会去引导孩子如何化解人和人之间的冲突。或者找个合适的机会问问孩子，怎么看待别人给出的意见？孩子也许会说，真的，我是觉得我有这样的问题，但我不知道怎么改。那再现问题的时机正好是解决问题的时机。

如果家长在还没有听到孩子说话的时候就已经一股脑地开始抱怨，就永远听不到孩子真实的想法。而这个时候，孩子表达出来的情绪是他自己的，还是因为受到家长情绪影响以后产生的情绪？相信大家都有答案。

04

当家长认为孩子受到欺负，要给孩子打抱不平的时候，孩子认为自己受到欺负了吗？当孩子失败了，家长认为沮丧丢人的时候，是孩子自己觉得失败了不开心，还是家长觉得失败了不开心？当孩子在某一些方面就是比别人会慢半拍，他可能并不在意这种慢并乐享其中，但是家长却担心着急，孩子因此也开始意识到，哦，原来我真比别人慢一些，继而开始担心着急……担心、焦虑、着急、压力、烦恼、痛苦，这些在孩子成长岁月中会流淌的情绪，是家长传递出来的还是孩子自己的？

如果家长不能和孩子沟通交流之时先平静自己的情绪，过滤下自己的敏感和主观，那么永远也听不到孩子真实的声音，因为他表达的就是家长想表达的。而孩子自己的内心世界会被压抑，可能无法形成自己的思想、调节自己的情绪，也可能长期无法正确表达自己的情绪而出现人际交往的障碍。

面对考试焦虑，和孩子一起！

01

寒假快到的时候，期末考试也快来了，还有初三家长们关心的元调也要来了。到了下半场，还有更加严峻的考试，比如中考、高考。在这样一个关键时期，焦虑成为众多孩子和家长在这个阶段的情绪之一。我曾经去一些学校进行高考焦虑心理辅导讲座，有许多家长和孩子们问过我，应该如何和孩子们一起面对考试焦虑。

首先我们要了解，在一些关键的时间点出现的短期情绪异常，比如焦虑，这个不需要过分担心，是人体的预防机制在起作用。曾经有一个男孩，在高考前的半年时间里，很少有睡着觉的时候，失眠是常态，他的家长曾经为了这个事情四处求医、到处问诊，各种偏方中药一起上阵，就是为了保证孩子能够顺利度过高考。后来发现那些中药偏方用处不大，等孩子高考结束且成绩还算理想时候，失眠症状不药而愈。那个孩子后来还给我打电话说：当时真是把我和我的父母都吓个半死，好在他们那个时候后来已经不太关注我的学习成绩，只是要求我顺利完成高考，有成绩就行，没想到最后还考得不错，而且失眠就这样好了，感谢李老师在那段时间给予的心理辅助，缓解了我的焦虑。

另外有一个学生也是在高考前突然变得不太爱说话，也不喜欢出去，更不喜欢和人接触，家长非常紧张，看多了有关抑郁的报导，又怀疑孩子是不是得了抑郁症之类的，小心翼翼地担心着，孩子的脸就是家里的晴雨表，轻了没得说，重了说不得。也是这样战战兢兢地度过了高考，结束后，孩子在家闷着足足睡了两天就回归了平时的状态，自己说这段时间可憋死了，我要出去玩玩了！家长这才松了一口气，还好，孩子还正常。

如果既希望孩子能够在重大考试中发挥出正常或者理想的水平，又希望孩子能够身心健康，家长要做的不是临时抱佛脚地放任不管，也不是小心翼翼地过分关注，而是要提前就做好预防工作，预防比治疗更重要！

02

那么我就给大家几个方法来做好平时的预防。首先，和孩子一起做好学习规划。每一个新起点到来的时候，家长就和孩子一起根据孩子的学习水平和家里的实际情况做规划，比如选择上一个什么样的学校，是离家近的对口学校，还是离家远但是重点的学校，等等，然后再考虑选择一个什么风格的班主任老师，更适合孩子的全面发展。接着规划在这个学校毕业后，下一个将要选择的学校是什么样的，比如小升初的目标，或者初升高的目标，再或者考大学的目标。当你能够以平和尊重的心态来和孩子商量这些事情的时候，孩子会了解，这是他的未来，他有选择的权力，并且有为自己的选择承担责任的义务。

接着，我们就要来制订阶段学习目标。这个阶段目标中包括家长和孩子们最关心的成绩。不用和其他孩子比，不用和任何人比，就是根据孩子的实际情况和孩子一起制订：期中我们能到一个什么水平，期末我们能到一个什么水平，如果达到了，我们怎么做，如果没达到，我们怎么做。这实际的目标确定要以孩子的意愿为主，家长为辅，这样孩子才有执行力。根据孩子的年龄大小，家长管理的比例是相反的，也就是说孩子越大，管得越少。

然后，我们可以给孩子展示这个世界的很多种选择。这个需要在平常的生活中去潜移默化地影响他。拥有学习成绩、考上名校只是其中的一条路，这条路可能会是其他路的基础。如果我们在这条路上遇到了障碍，也可以有其他选择和方向，假如某个孩子的确在学习上没有天赋，而在某个专长上面有极大的兴趣，那么我们也要鼓励孩子在打好文化课基础的同时，看到人生选择的多面性，而不局限于只有一条路走，让孩子在学习的时候是带着兴趣，带着对人生理想的规划和目标，而不是仅仅为了一个考试成绩。

那么有这些基础，孩子在面对重大考试的时候，心态就能平和。

03

当我们在前期种下了友善的种子，那么在临近考试的时候，家长要怎么做呢？

情绪的稳定，正常的发挥是考试的关键。当孩子把考试当做一次能力的测试，而不是决定生死命脉的唯一，他承受的压力就会有所缓冲。在这个阶段，不需要再去盲目的补课、提分、冲刺，只需要稳定情绪、巩固基础，在考试时发挥出正常的水平就可以了。

不要把家长的焦虑传递给孩子。有的陪考家长会说孩子晚上睡得挺好，反而是家长紧张到失眠了，担心这个担心那个。这种担心很正常，只是不要让孩子感受到你的这种担心，否则会增加孩子的心理负担。也不要在这个时候讲什么大道理，平时怎么样，这个时候还是怎么样，该上班上班，该吃饭吃饭，保持家里安静愉悦的氛围就可以了，没有必要刻意做什么和平时不一样的事情。有的家长对孩子说，孩子啊，你随便考，只要尽力就行，有的家长也会说，孩子啊，加油，我们相信你。这样的话都是根据孩子性格不同来选择说法。有的孩子很顽皮，这个时候会故意刺激家长，那么我全部挂科回来，你也相信我，你也不怪我，家长听着就变了脸色，这个玩笑开不得啊，孩子笑着说，所以你还是紧张我的成绩嘛。所以我认为，这些话都是平时就应该说的，越到考试越要少说这些话，而临考前，只要有一个笑容一个拥抱就足够了。

如果孩子在这个时间段出现了焦虑或者情绪不稳定的状态，可以通过运动、音乐的方式来帮助孩子调节心情。家长可以告诉孩子，有任何需要帮助的地方，可随时来找家长，家长会和他一起度过这些关键的时期，这都是人生有意义的里程碑。如果孩子这个时候来找家长，那么家长要学会倾听、理解，在温和的态度中帮助他解决问题，让他明白对错，不是一上来就是指责、批评或者讲道理。比如有的孩子会对家长说不喜欢哪个老师，这个时候不要去指责孩子，老师有什么不好，老师都是为你们好、不要给自己这次考试成绩不好找理由。那么可能你就没有办法了解孩子不喜欢老师的真正原因。

可以耐心地听孩子讲述，和他一起找到不喜欢的原因，然后尝试沟通，最后找到解决的办法。有一个孩子数学成绩非常不好，原因是不喜欢数学老师，那个老师是区里有名的优秀老师，家长认为孩子没有不喜欢的理由，所以对于孩子的说法严厉批评，说你遇到这么一个好老师还不好好学习，认为孩子在找理由。结果中考孩子的数学成绩考得非常差，到了高中换了一个新的数学老师，反而孩子的数学成绩好起来，这缘于两个老师的授课风格不同，孩子的接受能力不同。如果孩子在这个阶段的焦虑严重，可以寻求专业人士的心理辅导，帮孩子度过一段非常时期。

04

每个孩子都是不一样的，我常常对来咨询的家长说，第一是要有耐心，第二是不要拿自己的孩子和别人的孩子比，每个孩子都是不一样的，所以适用于他人的方法不一定适用于你，但是对你有效的方法，可能其他孩子没有用，一把钥匙开一把锁。第三是家长自己是否能够成长。再多的亲子讲座，再多的育儿课程能让家长在一时之间豁然开朗，但是那些困扰家长的问题，或者过几天又出来了，问题的根源在于家长是不是能有一种稳定良好的情绪来无条件地爱自己的孩子，不管他的成绩好坏，只希望他能健康快乐地成长。

当你能够正确引导，并且允许孩子顺其自然地成长，相信他定不会负你所望！而那些在考试到来时带来的焦虑情绪，只会助力于孩子的考试，而不会因过分焦虑发挥失常。

和孩子一起做规划，这点很重要！

01

无论是站在家长的角度还是站在咨询师的职业角度，我都会给提出各种问题的家长和来访者建议：和孩子一起做规划。

首先家长需要了解什么是做规划。常常听说职业规划、生涯规划，认为只有在孩子成年以后再开始规划他的发展方向和职业路线，而作为孩子的规划太早，没有必要去做。或者认为孩子还没有定性，这么早去做规划，起到的作用并不大。这样的想法并不正确，在科学实验的数据中发现，经过 20 年的跟踪调查，在年少时就有明确目标和规划的人在成年以后更容易获得成功，而 95%的成功人士他们之所以能够在他们喜欢或者擅长的领域中如鱼得水的发挥，是因为他们在小的时候就有了明确的目标和规划。所以规划不一定要等到成年以后再去做，因为规划可以根据情况作出适当的调整，并不是一成不变的。

职业规划可以 5 年一个周期，在孩子的规划中，一般是依据孩子的学年来进行规划的，比如幼儿园阶段是一个规划，小学阶段是一个规划，小学四年级以前和四年级以后会稍微作出调整，然后是初中阶段，高中阶段和大学阶段，最后和职业规划接轨，在目标明确的前提下才可能挖掘内动力。

我会问来咨询的孩子：喜欢学习吗？有的会回答不。我问为什么不喜欢学习，他说我不知道学习用来干什么。这就是完全没有目标和规划的孩子。学习如果只是为了考试分数，为了班级排名先后，那么这样的学习的确让人感觉无趣而乏味，没有打游戏升级通关来的明确。打到多少分，就可以升级，然后可以得到什么装备，可以有什么权利和奖励。

另一种孩子是有目标的，比如我想做厨师，或者我想去开个网吧，再者我想去参加时装秀的比赛，我想拥有一台保时捷……这样明确的目标却不能落地，原因是家长不支持，或者是目标和实际情况有太大出入，完全属于天方夜谭，久而久之，孩子也就缺乏了学习动力和兴趣。

02

所谓规划的制订，一定要结合孩子的实际情况。我会建议对到了青春期的孩子进行一次性格测试，对他的性格特征有所了解，然后再结合家庭的实际情况做一个整体的规划。这样的规划能够切合实际，也和孩子本身的性格特征相符合，家长不能要求身体底子差、对体育不感冒的孩子一定要成为一名健身教练或者体育赛事的名将；也不能要求在音乐上有天赋的孩子埋没自己的艺术细胞。做一件不喜欢的事情是痛苦的，就好比一个人明明牙疼你还让他咬核桃，他不得想着法子怎么逃脱或者借助工具去敲开核桃吗？如果让他只能用牙齿，那对于他来说就是痛苦。而如果目标定位是一件喜欢的事情，内动力就会被开发，就会慢慢培养出自律的精神去向着这个理想努力。比如一个喜欢唱歌的孩子，你给他举办一场小范围的个人演唱秀，他不仅会精心准备，还会在准备的过程中有超出唱歌本身新的体会和收获。但是你对一个本身来说不愿意展现的孩子，那么办一场个人演唱秀就是一种折磨。

有的家长说，我们的目标很明确，给孩子创造的条件也很好，但是却无法执行。那我们可以把规划分成若干个部分一步步来执行。在的确有难度的时候把标准放低一点，在彼此感觉都不错的时候尝试把标准升高一点，以孩子最能接受的方式给予一定的奖惩。有的孩子喜欢表扬，那就在阶段目标实现的时候表扬，有的希望有物质的奖励，那么也可以在目标达成的时候给予兑现。就好像单位一年完成多少任务会给年终奖一样，有的看重奖金，有的看重升职，而有的可能更看重自己在这个行业的口碑。不管是哪一种，及时兑现，才能继续实现下一个目标。

在目标没有达成的情况下，一方面可以放低标准，另一方面可以让家长以身作则带动孩子一起努力，给孩子一些积极的行为暗示和正能量的引导，而不是一味地批评指责或提要求，也可以帮助孩子找到没有达成的原因，帮助孩子去完成。

03

如果孩子每天的作业需要家长监督完成，或者家长经常被老师请到学校去，这样的家长除了忙自己的本职工作以外，还需要有大量的精力来检查孩子的学业情况，家长很辛苦，孩子也会觉得很累。学习的事情应该由孩子自己完成，当他对自己和家庭情况有清楚的了解后，明确了奋斗目标，这样的孩子在学习上多半是自觉自律的，不需要家长操心太多。随着孩子年级越高，家长能够起到的辅导作用越来越小，不如尝试让孩子自己独立地去完成学业，而家长应该把精力放在良好习惯的培养，关键时刻的引导，孩子需要你时温暖的陪伴，另外就是自身的修养。孩子就是家长的镜子，而家庭是孩子的另一个教室，他可以在这里学到课堂以外的很多知识。

如果家长与孩子共同制订规划，并且愿意与孩子一起分享他在执行规划中的收获和失败，这样的教育方式会比家长在孩子面前不断唠叨要有用。

最后，制订规划和协议是一样的，需要尊重孩子内心的意愿，而并非家长的意愿！希望孩子们都能够带着梦想有规划的去快乐的学习和生活，享受四季之美，创造未来人生！

除了学习和成绩，我们还能和孩子交流什么？

咨询者中，有家长说：“孩子不愿意和我沟通。”我带着这个问题去问孩子：“为什么不愿意和家长沟通？”各种各样的答案中，我粗略比较了一下，其中占比较高的一点就是因为孩子不想谈学习，而家长谈得最多的就是学习。于是我回问家长：“是不是和孩子的话题中，谈学习会比较多？”家长的回答也是各种各样，但是万变不离其宗的就是：和孩子不谈学习还能谈什么？

是啊，和孩子不谈学习，还能谈什么？特别是考试前后、学习、分数、试题、排名、培优、作业，是家长和孩子之间重要话题。

去孩子学校开家长会的时候，正是期中考试阶段。还加上各种国际性的考试迫在眉睫，本来紧张的教学时间，学校还是安排出来了一个晚上的时间给孩子们讲争议较多的“辱母案”，让孩子设身处地的思考，自由地发表自己的看法和意见：“假如是你会如何面对这样的场景？有的会说会提前预防，不会让妈妈去借高利贷，有的说我会先施计让他们先来打我，我再采取措施，这就是没有争议的自我防卫……”而最后的宗旨是让这群孩子们体会到我们要在遵守法律的前提下学会保护自己和自己的家人，拥有正义、血性和力量。而在这样的实时案例分享中，孩子们懂得法律的知识和自我能力强大的重要性，而这一切都需要好好学习作为基础。

一个孩子的母亲因为身体突然不舒服，需要到医院去看病，她只能委托邻居帮她送两个未成年的孩子到学校去。在医院看病等待的期间，她去看医生，让两个孩子坐在外面的长凳上等待邻居的到来。这个时候发生了一个意外，三个打扮奇怪的年轻人对这两个 10 岁和 8 岁的孩子说，姐姐的男朋友可能晕倒在厕所里了，请这两个男孩子帮着去看看，孩子们不为所动，坚持没有离开这个位置，因为平时和妈妈交流的时候，妈妈曾经教过他们，如果成年人遇到问题需要帮助，他们会去找成年人求助，而不是找孩子。后来邻居大叔赶来了，送他们去了学校，再后来监控录像显示这几个人就是警方通缉的绑架案的罪犯。正是因为平时的交流，孩子们才有自我保护的意识，避免了一场事故。

卡耐基说过，一个人的成功，15%取决于他的学习成绩，剩下的 85%来自于他良好的人际关系和处理事情的态度和能力。我们可以把关于学习成绩的 15%教给孩子去完成，在他需要帮助的时候给予学习上的帮助和支持，在他不需要的时候用时间去沟通交流剩下的 85%，孩子在成长的过程中会遇到各种各样的问题，在互联网和信息如此迅捷的今天，会接触各种各样的新闻事件，有正面的，也有负面的，教会孩子如何去处理，如何正确看待，和孩子一起分享他们的体会，听听他们内心的声音，引导他们遵守规则，这都可以成为我们除了学习和成绩以外的话题。而这样的话题会对健全人格的形成起到帮助，也会间接地引导孩子懂得学习的重要性。

试问家长，你养育一个孩子，是真的希望他是一个学习工具、一个学霸，还是一个拥有健全人格、明确目标，能够自食其力、快乐生活的普通人？学习成绩不能跟随孩子的一生，但是健全的人格却能跟随他一生。

那次家长会上我还听到了几个有趣的案例，在申请美国常春藤名校的中国孩子中，从来不缺乏成绩达标的孩子，雅思7分以上托福100以上，各项学习成绩都是A的学生一大把，中国孩子中从来不缺乏成绩好的，但是录取的指标却非常有限，这些名校更看重什么呢？上海的一个学生被某名校录取，理由只有一个——他会做饭，而且做出来的饭味道不错，当然做饭的后面肯定有一个触动面试官的故事。还有一个学生是因为会打麻将会打桥牌，他可以根据出牌的牌面进行推理和计算，最后获胜。

中国不缺乏成绩优异的学生，而我们需要的是在规则之上能够标新立异，能够保持自己个性的学生，有自己思维的学生，他们才有爆发力和创造力。

教育的定义从来不仅仅是学习，他可以延伸在生活的方方面面，当延伸的这些内容让孩子不再感觉生活中除了枯燥的学习就没有其他的时候，他才会自发的开启一条探索的道路，不是作为家长的傀儡带着满腔无奈去上学，他们可以保留自己的本真，遵从了自己内心的想法，坚定了自己的目标，能够带着兴趣和快乐去实现自己的梦想，学习就变成了一种自发的意愿。

有的家长会说，现在的孩子比我们懂的还多，如果不谈学习，不用这个去压制他，那家长的权威何在？

家长的权威如果仅仅是依靠压制的方式来获得，每个年龄段的孩子会有不同年龄段的反抗，就如两三岁的孩子最喜欢说的一个字就是不，或是不要。七八岁表现反抗，青春期开始叛逆。

权威不是依靠这种天生的父子或者母子关系得到，这是一种不平等条约，而简单粗暴的压制方法换来的就是有一天你管不住他，看不到他的时候，他积累的反抗，或者他压制的抑郁……

权威是家长自己言传身教，是自己在工作上取得成绩，是在邻人朋友间获得的尊重，是在家庭关系中承担的责任以及对待生活的热爱和积极的态度，不是一定要拿着孩子的学习成绩去为自己挣面子。

除了学习和成绩，我们还可以和孩子交流的话题有很多，春夏秋冬，人生百态，生活的美好，阳光下的阴影，希望、梦想、现实，或者今天的这顿晚餐，上个周末那场赢了的比赛，前些天我才读完的那本书，我刚刚看过的那场电影，我怎么也没法通关的那把游戏……很多很多！而这些看似和学习无关的知识无不蕴含着知识的广博、智慧的沉淀。

你限制得了孩子玩手机?

从苹果 4 开始到苹果 12，从“没钱买华为”，到“没钱买华为”，手机的外形除了大大小小，折叠、翻盖、平板，倒也没有太多的花样，但是手机的内涵却发生了日新月异的变化，于是这些年，我们和手机之间有了很多故事，带给我们的几家欢喜几家愁！

01

先来说说孩子，家长最困惑的一个问题就是如何让孩子远离电子产品。每次有家长问我这个问题的时候，我都会问家长，请你想一想，你每天使用手机的时间有多少？你都用手机在做什么？我不得不承认我自己使用手机的频率是非常高的，以至于我的朋友们都说发给我的微信几乎是秒回，我开车的时候需要手机导航，因为我是一个路盲，我不开车的时候需要用手机打车，我需要手机和我工作室的支持者互动，需要手机和电脑结合来完成公众平台的更新和制作，以及各种文稿，我还需要用它来拍摄美景美色，用来做丰富生活还需要利用手机来完成我的网络咨询，同时需要在我寂寞孤单心烦意乱的时候找个朋友出来说说话聊个天，或者找个同行来吐槽一下我今天所受的委屈。偶尔等人无聊的时候，还需要用手机来打两把游戏，我如此高频率地使用手机，自己都不好意思要求孩子，偶尔要求几次也显得底气不足。

所以如果家长希望孩子远离手机在内的电子产品，那么首先需要自己远离。如果在不能远离的情况下，你可以坦白地告诉孩子你使用手机的用途是什么，让孩子能够正确地使用手机。

我见过有的家长断掉了家里的网，不给孩子买手机，在如今老年人都可以将微信玩得热火朝天的年代，这样的方法似乎不太适宜。现在的孩子要多聪明有多聪明，你断掉家里的网，外面有的是网吧和免费的 WIFI，你不给我买手机，我可以通过各种渠道给自己整回一部手机躲在被子里偷偷用，你用武力和权威镇压我，我会在沉默后的某一天以你意想不到的方式爆发，或者我就在沉默中永久沉默，那个时候家长开始担心的可能不是电子产品，而是其他问题。

洪水来的时候，如果只是去堵，恐怕会以意想不到的方式决堤，在和孩子斗智斗勇的过程中，一味去堵只会如洪水一般带来更严重的后果。

我也见过各种和家长斗智斗勇的孩子们，你上有政策我下有对策，今天你收走我书包里藏着的一个，明天我还可以再买一个，新的太贵，我去二手市场淘个旧的，你不给我买，我去借钱买，你不让我用，等你睡着了，我在被子里偷偷用，家里没有网，我就抱着手机去有网的地方。你今天把我打得哭爹喊娘，我答应你再也不偷偷用手机了，明天我好了伤疤忘了疼，你找我藏，你管我躲……

如此一来双方都有些疲累，所以不如互相之间签订一个和平共处的协议或者商议一个必须执行的条款，让孩子光明正大地使用。

02

有家长问，那如果条款执行了形同虚设怎么办？或者遵守了几天又忘记了怎么办？在一个家庭中，如果是以平等对话的方式达成的条款却不能遵守，就要从两个方面来看了。首先这并不是使用手机本身的问题，而是在孩子成长的过程中，家长说的话是否算数，比如答应孩子的事情如果出现变卦，是否会对孩子做出解释或者会克服困难去遵守，如果家长是一个遵守诺言、具有契约精神的人，孩子也能够感受到这一点，那么孩子就会沿袭这种优良的传统去遵守。在这个过程中，我们传导给孩子的不仅仅是如何使用手机，而是在遇到任何事情的时候，如何签订协议，如何遵守规则，如何做一个一言九鼎遵守承诺让人信服的人，并从中获得认可、尊重和收获。其次就是在签订协议的过程中，孩子的需求是否得到了尊重，这样的一份协议，无论是从使用的规定上还是时间的规定上，是孩子内心真正认可的，还是趋于家长的压力不得不答应的，另外签订协议还需要考虑孩子的年龄和性格特征，不同年龄段的孩子规范的条款和内容也应该是不同的。

条款中也需要有违约责任和违约次数，违约到什么程度这个协议就作废。这样的方式可以根据不同年龄段的孩子灵活掌握。

这是第一点，第二点就是孩子如果违背了使用手机的协议，是用手机在做什么？举个例子，如果是因为最近学校有活动需要查阅资料，可能会超出平时规定使用手机的时间，那么这样的情况孩子可以提前说明，家长也可以适当通融，给予一次更正的机会。如果是其他原因，也要根据具体原因具体对待，不要盲目去指责或没收。

来访者中更多的家长担心的不是孩子用手机，担心的是不知道孩子使用手机在干什么？玩游戏？谈恋爱？或者做一些影响学习的事情？所以我们在发现孩子违规使用手机的时候，先不要忙着发脾气、摔手机，而是先去看看他在用手机做什么，根据具体事情具体处理。发现孩子再偷偷使用的时候，先别忙着强行用粗鲁的方法去制止，听听孩子内心的声音，是不是在手机的世界里可以让他的内心平衡，孩子的世界也会有压力，也会孤独，也会寂寞……

03

到了青春期的孩子，也就是年龄稍大一些的孩子，更多的家长感觉在手机的管理上没有什么更好的办法，大了，不受限制，大了，反抗的力量也大。怎么办呢？

第一，这样的孩子不用再去说教了，说了也没用，家长要用自身的力量去以身作则，比如家人聚会的时候少用手机，一家人聊聊天。第二，让孩子了解你使用手机的原因，在使用手机的时候，可以让孩子知道你使用手机的主要功能是什么？第三，遇到手机中不懂的问题可以坦荡虚心地向孩子请教，在孩子感觉受到尊重和认可的情况下，可以和孩子聊聊手机。你别看孩子嘻嘻哈哈的，其实这么大的孩子心里是有数的。第四，在手机这件事情上，不仅仅是手机的问题，还会牵扯到其他方面的教育和引导，所以我们还是需要具体事情具体对待。第五，不要太期望孩子一下就能够有很强的自律，自律需要时间来养成和强化，还需要孩子在一些事件中受到教训和挫折，重建认知。

有个妈妈自己眼睛不好，所以她禁止孩子使用手机的理由很简单，就是防止眼睛近视。孩子学习成绩不错，平时也很听话，是一个乖巧伶俐的小女孩，但是就是会偶尔偷偷摸摸看手机，妈妈气得没收了手机，女孩就在家里哭了好长时间以不去上学表示抗拒，外公外婆看不过去，就又偷偷给孩子买了一个，这下就为了手机一家闹得鸡飞狗跳。后来这个妈妈来咨询时说，她自己小时候就是因为不听她自己父母的话，总是在被子里打着手电筒看课外书，所以眼睛后来就近视了，现在很是后悔，她是担心孩子也把眼睛搞近视了，所以才这样管教。妈妈的心都是为了孩子好的，这个道理都知道，但是不是自己身上受过的伤，他人又哪里知道疼呢？即便自己的伤，还有好了伤疤忘了疼的时候，那位妈妈小的时候也明明知道自己父母为了自己好，当时也没有听，现在希望孩子在她比自己还小的年龄能够体谅自己的苦心，也是有难度的。

若世间所有的事情都可以避免预防，那也就没有那么多人叫嚷着这个世上怎么没有后悔药了，有些痛有些亏还真的需要自己去受自己去吃，父母真无法替代！

有个孩子走路的时间也会看手机，家长提醒了很多次，都没有用，家长也懒得说了，后来这个孩子看手机的时候，没有看到脚下的路，重重摔了一跤掉到坑里，手机也摔坏了，后来没人说，他走路再也不看手机了。

2016 年，我国首份儿童安全研究报告数据显示：国内 3~6 岁的幼儿中，手机接触率已经高达 91%，到了 9~10 岁，已经和成人使用行为差不多，如果之前没有和孩子一起探讨如何合理使用手机，青春期再想管，只会激化矛盾。所以实在管不了的，在前面的做法有了基础以后，可以静观，找准机会再去因材施教，那才是事半功倍。每天跟在后面絮叨，对孩子而言也只是一堆废话，还不如留点精力给自己。

04

手机，在大人的世界里面是离不开的，在一个信息无比发达、手机几乎万能的时代，孩子是缺不得手机的，与其完全制止孩子使用手机，不如教会孩子如何正确使用手机。

自我成长和孩子成长是一体的

01

来访者一："我的孩子不喜欢学习？怎么样才能让孩子喜欢学习？"

"请问，你爱学习吗？"

"我都这个岁数了，还学什么呀？"

"在你上学的年龄，你爱学习吗？"

"呵呵，现在就是后悔那个时候没有好好学习，所以现在只能做力气活，不希望孩子以后像我一样！"

……

来访者二："我的孩子总喜欢发脾气，不管遇到什么事情，很容易就发火。"

"请问，当你遭遇压力和困难的时候，你会怎么处理？"

有点不好意思地说："我也很容易发火。"

……

来访者三："我的孩子除了打游戏，好像对什么都没有兴趣，每天机不离手。"

“请问，你在家里使用手机的频率是什么样的？”

“我手机用得有点多，我的工作需要手机！”

“和孩子聊天的时候，你的手机会放在哪里？”

“在我身边，我规定我的员工要24小时开机保持畅通，所以我要带头执行。”

……

来访者四：“我的孩子从来不主动和我们交流，我们都不知道他在想什么。”

“你们会主动和孩子交流吗？”

“会呀，我们经常主动和他交流。”

“那你们有没有问过孩子，为什么不主动和你们交流？”

“问过，他说我们和他交流的话题总让他感觉到很大的压力。所以他不交流！”

……

现在的家长很难做。的确，很难做。

02

父母是孩子第一任老师，这个老师终身都不会卸下职责。所以自我成长和孩子的成长是一致的、同步的。

并不是你把全部的爱都给了孩子，孩子就会觉得你这样的父母是对他好的，是他喜欢的、想要的。有时候他会觉得太沉重。爱沉重了，也是会伤人的。所以别把眼睛都放在孩子身上，他不是你的全部。别把幸福都压在孩子身上，他承担不起你的幸福。别把期望都放在孩子身上，他有他的选择和道路。而你除了是父母，还是你自己！

有的时候，你爱学习，你所学习的知识帮你在生活中获得了价值和成就，你的行动会感染孩子，他或许也会爱上学习。有的时候，你较好地调节了自己的情绪，表达你对事情的不满。孩子也会在你的行动中潜移默化，学会适当的表达和宣泄情绪。有的时候，你合理使用手机，并没有耽误你和家人的交流沟通，并且带着孩子根据他的性格特点找到生活中除了游戏还存在的其他乐趣，或者他会减少他用手机打游戏的时间；有的时候，作为家长，除了压力，你给孩子的还有理解和鼓励、支持和温暖，或许他愿意对你敞开心扉，真实地表达他自己。

所有这一切的前提是，你是一个能在平凡的生活中感受快乐并积极创造想要的生活的人，而不是只想着让自己成为一个合格的家长！

03

父母和子女是我们前世未了的缘分。佛家有说子女是债，上辈子你一定是欠了他的，所以这辈子他成为你的子女来找你讨债。既然是为讨债而来，那作为父母所有的付出，是不是就不要指望孩子来还？

有家长在群里讨论一件事情，一个家庭花了 400 多万人民币送孩子出国，读书 7 年，回来只找了一个月薪 8000 元~10000 元的工作，父母这 400 多万元的出国读书费用何时才能偿还，这又是何必？那个妈妈很平静地说，我为孩子花钱的时候，从来没有指望过他还，只是尽我们的能力丰富他这一生的行程，帮助他成就梦想，让他有更多的选择。

还有家长商量，未来组团去住养老院，他们认为自己的儿女没有必然的理由为自己养老送终，他有自己的生活，而这些老了看着子女高飞的家长们，也应该有自己解甲归田、采菊东篱的生活，种花种草，打打麻将。现在他们无条件的付出，也不是为了让孩子回报，只是为了做好自己该做的事情。

那天在商场购物，等儿子试衣的时候，遇到一个60多岁的老人，问我孩子未来的打算，我说可能会出国。他说可不能让孩子出国，免得等你老了，连个照顾你的人都没有。我说出国是他自己的选择，不是我的。他说你看我有三个孩子，他们当初也有想出国的，也有想去外地的，我统统没同意，以死相逼，我养他们一场，最后我剩个孤家寡人，那我不是白养了。现在你看我一生病，三个孩子轮流照顾我，病房的人都羡慕我。看着从试衣间出来的孩子，我想我也害怕老了一个人的孤单寂寞，一个人在病房没有人照顾，但是我更害怕今生没有偿还的债务，还要附上来生，与其这样，不如让他顺着自己的理想高飞。

04

孩子年龄渐大，你关注的重点不如放在自己身上。将近距离的关注变成远距离的关注。孩子大了，他会有自己的思想和朋友，他需要有足够的空间来证明他长大了、独立了。这个时候你如果还要像小时候那样嘘寒问暖、无微不至，恐怕是自讨没趣。一个不快乐的妈妈是不会带出一个快乐的孩子的，所以要让自己成为一个能制造快乐的女人；一个遇到问题不敢面对和承担责任的父亲，是不能教出一个遇到事有担当、有责任感的孩子的，所以要让自己是一个如大山一般的男人，有勇气、有力量。一个温暖的家庭才会培养出喜欢回家的孩子，一对善良的父母才会培养出充满爱心的孩子。豁达的父母才有乐观的孩子，正义的孩子一定有正直的父母。所以看看孩子是什么样的，就知道父母是什么样的。

不是把孩子变成你所期望的样子，而是首先你要变成你所喜欢的样子，创造自己所期望的生活，如果你都不喜欢自己，还指望孩子喜欢你，喜欢和你说话聊天，还指望孩子能尊重你的意见，听你的话吗？如果你都没有能力让自己的生活过成自己想要的样子，孩子又怎么会知道他的未来要如何经营？

有的家长说，如果我们不时时提醒，事事监督，孩子会犯错误，有些成长路上必须该犯的错误，没有人可以替代，可怕的不是犯错，而是犯错后依然执著。所以，家长不是要避免孩子犯错，而是在孩子犯错后引导他，陪伴他，帮助他，用自己的言传身教带领孩子走出错误的漩涡，避免未来犯更大的错误。但前提依然是，作为家长的你，有足够的力量、阳光和胸怀。

所以自我成长的和孩子的成长是一体的。当你成为你喜欢的你，有自我存在的价值和面对一切的力量，孩子也会喜欢上你，和你分享他的喜怒哀乐，尊重你的意见，认可你的存在，与你共同成长！别忙着逼孩子成长，别忘记了自己的人生，也别太拿家长的头衔当回事，先做好自己，家长自然就做好，连自己都做不好，光想着家长，估计孩子会让你焦头烂额！

不同的教育会有不同的孩子

在一架班宁波飞往西安的飞机上，头等舱上来一位独自带着宝贝的妈妈，这个妈妈给同舱的乘客发糖，同时还有一张小卡片，大概内容是：你好，我是来自宁波的Wendy，我刚刚一岁半。这不是我第一次出门旅行了，可是独自带我的妈妈还是担心我的哭闹会打扰到您，毕竟飞机气压变化会让我感到很烦躁，在公众场合打扰别人的可不是好孩子，我会尽力保持安静的。这里有耳塞和小糖果，希望能减轻你的困扰！

温馨的卡片，温暖的小礼物，没有因为入座头等舱而骄纵，没有因为孩子小打扰别人就正常。整个飞行过程中，孩子很乖，一直安静看书或是看iPad，或是偶尔喊几声妈妈……

而就在前段时间，我和朋友在商圈繁华地段的一间餐馆吃饭，邻桌是一家三人，奶奶、爸爸和1岁半左右的孩子，孩子坐在Baby椅里，先是奶奶喂饭，还很安静，我和朋友愉快地聊着，还没有注意邻桌的情况，过了一会，估计是孩子吃饱了，伸手够桌上的汤勺，敲打着盘子和碗，开始敲的声音并不大，敲一下还试探性地看看爸爸和奶奶，见爸爸和奶奶对他的行为没有异议，都是笑着看着孩子，觉得孩子玩得挺高兴，于是孩子的敲击声越来越大，速度越来越快，伴随着一家三人的笑声，挨着的几桌都被这种刺耳的声音吸引了目光，大家都是想说又不好说的样子，只能忍着，朋友说，再忍一会吧，一会就碎了，碎了就不敲了。果然过了一会，孩子觉得这样敲还不过瘾，干脆抓起盘子碗勺子全都扔到地上，地上狼藉一片，孩子没有住手，继续抓着餐具往地下扔。爸爸看着孩子并没有责怪，还在笑着说："这孩子力气还挺大。"然后扯着嗓子喊："服务员，过来把这地扫一下！"1 岁半的孩子，哪里知道什么对错，家长的表情就是他继续还是停止的风向标！

还有一次，我问一位 9 岁的来访者："你在家里为什么不爱说话呢？"

他冷冷地看我一眼："没什么可说的呀。"

"那你在学校和同学们还有老师说话吗？"

他回："说啊。"

"我有点好奇了，在学校和同学老师都说话，回到家里就不说话了，是担心说了什么家长会批评你，还是觉得和他们没有共同话题？"

他说："都不是，也没想那么多"，"我们家就是不说话的呀！我觉得很正常。"

"不说话是什么意思？我不太懂。"

他又看了我一眼，有点不耐烦地给我解释："就是我妈和我奶奶是不说话的，我爸爸和我妈妈是不说话的，我奶奶和我爷爷也是不说话的。"

"他们为什么不说话？"

"我怎么知道，反正我从小这个家里就这样，他们怕说话就吵架吧！不说话挺好，至少不吵架。"

这让我想起一个故事：一位年老体衰的父亲和他儿子、儿媳妇，还有他四岁的孙子一起生活，可他双手颤抖，走路不稳，视力还不好，看不清楚东西。一天，一家人在一张桌子上吃饭。可老父亲的手颤抖得厉害，又看不清楚，吃饭很困难。豌豆从调羹里滚落到地上，当他伸手去抓的时候，杯子里的牛奶又洒在桌布上了。儿子和儿媳妇为眼前的脏乱感到非常的恼火。儿子说："我们必须为老头做些什么，我已经受够了他杯子里洒出的牛奶，吃饭时发出的响声，以及把饭撒得满地都是。"

因此，夫妻俩就在房间的角落里放了一张小桌子。于是，全家人一起进餐的时候，只有父亲一个人在角落里吃饭。父亲每次吃饭的时候都会打破一两个碟子，因此他们就把他的饭放在一个木头碗里。家人瞥他的时候，发现有时他眼里含着泪花。而且，夫妻俩同父亲之间唯一的交流就是当父亲不小心弄掉叉子或者把食物弄洒时严厉的训斥声。他们四岁的儿子静静地注视着眼前发生的一切。

一天晚餐前，夫妻俩注意到儿子在地上玩一些木片，爸爸亲切地问："你正在做什么呢?"那个小男孩也同样语气亲切地回答道："哦，我正在为你和妈妈做一个吃饭用的小碗，当我长大以后你们就可以用了，然后你们也可以坐到墙角去吃饭。"这个四岁的小孩笑着继续做他的碗。孩子的话深深震撼了这对父母的心灵，他们相对无语，眼泪顺着他们的脸颊流了下来。虽然没有说一句话，但是他们知道他们必须再做些什么。

那天晚上，儿子抓住老父亲的手，慢慢地带着他回到桌子旁。那天晚上他和家人一起共进晚餐。当老人不小心将叉子掉下、牛奶四溢、桌布弄脏的时候，夫妻俩不再介意。

家长的行为比语言更有说服力！与其不停唠叨，不如坚持去做，孩子的眼睛会看到，内心会感受到。没有完美的教育，没有完美的人生，更没有完美的孩子和家长，所以犯错，是这条成长道路上的必然品，不要因为孩子犯错了，就紧张焦虑，就上升到某个高度觉得天会塌下来，也不要因为孩子犯错了就自责伤心，认为自己的教育是失败的，自己是个失败的父母。

好的亲密关系不是没有争吵没有矛盾的关系，而是遇到问题会一起解决共同面对的关系，这句话运用在亲子关系和家庭教育中是同样的，好的亲子关系不是没有错误没有争吵矛盾，而是面对争吵矛盾可以共同解决面对。对于错误，在尊重孩子个性化发展的基础上引导他向着阳光自然生长，同时尊重作为家长自己的努力，认可自己的辛苦，在给予孩子点赞的同时也要给自己点赞，在看到孩子错误的时候内省自己的内心，在看到孩子进步的时候，奖励自己的进步！

不同的教育就会有不同的孩子，唯有自信智慧，善于学习的家长，才能培养出面对未来不管发生什么都能够勇敢乐观的孩子。

孩子为什么会学习困难？

本文中所指的学习，不仅仅指在学校对各门功课所表现出来的学习，还包括学龄前的儿童在游戏中所表现出来的能力。而家长在孩子的成长过程中，更多表现出来的是对学习的关注和担心，但是学习困难不仅限于此：

一、生理因素造成的学习困难

原因：每个天使诞生在人间的时候，都不是完美的，所以如果你的宝贝是一个健康健全的孩子，只是有些缺点，那么你应该庆幸，因为这个世界上还存在一些有着缺陷的孩子，他们因为基因遗传或是在生育过程中遭受的意外会存在自我缺陷，比如协调能力、阅读能力或者逻辑思维能力、动手能力较差，或者是出现自闭、多动、注意力不集中等问题，这些都会给孩子的学习造成困难。

案例：一个有多动症的孩子，他会在学习过程中表现出无法长时间集中注意力，无法遵守学校的规则和秩序，且无法保持情绪稳定。

解决办法：

1. 这样的孩子在学龄前就应该有比较明显的症状，细心的家长可以通过正规的医疗检查来确定孩子的情况，调整心态，接受这个事实，不要对孩子有太高的要求，只要保证基本的生活自理能力，在这个基础上一点点引导孩子。

2. 对于类似的孩子需要更多的耐心和陪伴，在教育的过程中单独制订和孩子性格特征符合的学习方法，如果早期介入并给予正确的帮助引导，孩子成年后这种症状会渐渐消失。

二、心理因素造成的学习困难

原因：孩子对学习的情绪是产生学习困难的重要原因。情绪是来无影去无踪的，不能预测、无法打压，甚至你越想控制他越会出来捣乱。心理因素其一是孩子对学习没有兴趣，不知道学习除了考试升学还有什么其他用处，没有办法从中找到乐趣，从而对学习产生逃避和抗拒；其二是孩子在学习的过程中没有找到适合自己的学习方法，不知道如何学习，非常茫然，学习起来非常困难；其三就是孩子在学习中感觉到压力，在学校老师管着，回家家长管着，没有地方发泄自己的情绪，也没有人理解自己的压力，长久堆积的不良情绪就会造成学习困难。

案例：小方从小学升初中以后，因为功课增加了，所以每天完成作业的时间很长，很晚才睡，甚至有时候出现作业未完成的情况，第二天家长和孩子会一起受到老师的批评。家长很恼火，就对小方发脾气：你每天磨磨蹭蹭到那么晚，结果作业都没有写完，你究竟在干什么？小方也很委屈，我每天那么认真地在写作业，谁知道你和老师都批评我，那我不写了。时间长了，小方连学也不想上了。当小方父母来做咨询时，我建议他们和老师一起根据孩子的学习情况和学校作业的布置情况，共同制订一个完成时间表，每一段时间根据变化对时间表作出调整，在这个过程中，关注孩子的情绪变化，大概用了半年的时间，孩子渐渐就能够自如地应付比较繁重的功课，为以后关键的学习阶段打下了基础。

解决办法：

1. 定期疏导孩子的不良情绪，每天坚持和孩子有几分钟的真诚交流沟通，关注孩子的情绪变化。

2. 对于不会学习的孩子，可以和老师一起帮助孩子制订一个合适的学习方法，而不要盲目地批评孩子。

3. 对于学习没有目标的孩子，成长规划的制订是非常重要的。想要孩子自发的学习，开启内动力，请和孩子一起制订一个成长规划，发觉孩子的兴趣点，找到孩子身上的闪光点，让学习有目标，有兴趣，有具体行为，有执行的时间，有等待的耐心。

三、家庭原因造成的学习困难

在众多学习困难中，最难改变的就是因为家庭原因造成的学习困难，第一种有先天因素，可能有些家长也就认命了，不会对孩子做太高要求。第二种主要原因在孩子身上，家长教会孩子适合他的方法，给予他有兴趣的目标，随着时间增长，孩子也会慢慢改变。最难的是家庭背景给孩子带来的学习困难，因为需要改变的因素较多，而最主要的改变不是孩子，而是家长。这就是许多家长来我这里咨询一两次以后拒绝再来的原因，他们会对我说，我让你改变的是孩子，你为什么要让我改变？你不知道我是个单亲妈妈，我过得有多不容易，我已经付出很多了，为什么还要改变？或者，你不知道我上班赚钱辛辛苦苦、一心一意为这个家，我还有什么可改变的？我要的是孩子改变，你为什么让我改变？我可以改变啊，那你能说服他爸爸也改变吗？反正我说了他爸爸也不听……对于这样选择离去而不再继续咨询的家长，我无力挽留，因为有了这样的心态，咨询就是一种浪费，可能永远不会达到他的期望。

人都会生病，你去医院看病的时候，医生说你血糖高，不能吃糖分高的食物，你住院的时候遵医嘱，但回去就忘记了，恐怕有一天胰岛素也不能救你。同样的道理，咨询给的是方法、信心，而每天的修养调整需要当事人在生活中去完成，一个是时间，另一个是坚持。

原因：家庭氛围和家长对孩子的教育方法会对孩子如何面对学习有很大的影响。在气氛良好的家庭中，孩子遇到困难的时候会得到帮助引导，那么他的困难就会很快解决。而气氛不好的家庭，孩子遇到困难，得到的是批评指责或是打骂，那么孩子就会将困难隐藏起来，直到考试成绩出来了，或者老师向家长反映情况了，这种学习困难才会表现出来。家长自己的情绪、做法、家庭环境、氛围，对孩子的学习困难有很大的影响。

案例：每个孩子都会遇到学习困难的时间段。小杨同学数学成绩以前还不错，但是新学期开始以后，数学成绩就开始下滑，老师多次向家长反映，让家长多关注，家长关注的方法就是回来撕作业本或者拿着卷子冲孩子发脾气，再就是没收周末孩子可以娱乐的游戏时间，当然，这样的结果是小杨的数学成绩更差了。但是小杨为了回家不被责骂，为了还能有周末的娱乐游戏时间，开始撒谎，小考作弊，大考改分数，事情很快就被发现了。小杨妈妈来做咨询时，我问她，你有没有不发脾气，只是态度温和地问问孩子为什么之前数学成绩不错，这学期究竟发生了什么让数学成绩下滑得这么厉害？家长说，这有什么可问的，别人家孩子数学成绩考得都不错，我家孩子又不笨又不傻，以前数学成绩也是前几名，那肯定就是自己没努力学习，管得太松了。好在后来小杨妈妈还是主动去了解，原因是这学期换了个数学老师，数学老师有一次上课对小杨的批评让他感到不满，从此开始抗拒学数学。当这个疙瘩解开以后，小杨的数学成绩慢慢恢复到了原来的水平。但是好景不长，过段时间，小杨又不爱学英语了，孩子说因为数学上去了，家长又开始不断地要求他的英语要考到多少分以上。小杨对家长出现了情绪对抗，我对家长说，如果你们的教育方式不改，学习困难会不断地出现。

解决办法：

1. 制订的标准适合自己家孩子，不要和人家孩子比。

2. 关注孩子的学习变化，以尊重平等的态度了解孩子学习困难的原因，给予帮助。

3. 不要一味地追求孩子的高分。

4. 调整自己的教育方式，做一个能给孩子提供动力和支持的家长。

5. 改变自己，才能改变孩子。

当孩子出现了学习困难，家长首先要做的是找到学习困难产生的原因，然后才能找到解决的办法。出现学习困难的孩子并不一定是因为他们不喜欢学习，而可能是其他原因。找到原因，才能找到方法。

辅导作业，用不着赔上性命！

2019年5月上海一位宝爸陪五年级孩子写作业被气出心梗，送去医院搭了两个支架，同年武汉一位宝妈陪孩子写作业被气出失语症。杭州32岁宝妈肖女士陪孩子写作业做组词填空：abcc格式。宝妈举例小心翼翼，孩子在作业本上作答：小心爸爸、小心妈妈、小心姐姐……肖女士一阵咆哮后感到胸闷，当场被送往医院，后诊断为心梗。其实辅导作业，用不着赔上性命。如果陪孩子写作业需要家长搭上性命，那么亲子沟通是否通畅？并且，家长是否确定这样陪孩子写作业、陪孩子成长是正确的？

陪写作业是家长逃无可逃的职责，特别对于低年级的孩子来说，与其说给孩子布置作业，不如说是给孩子和家长一起布置作业，例如要报听写，做手工报，还有每天的作业检查和签字，等等，这也是我在我的孩子低年级时的经历。现在回想起来，我到现在还能健康地活着，是因为在四年级以后我就再也没有陪写过作业，也没有检查过对错，我孩子至今为止所有的作业都是独立完成的。

不是所有的努力都有等价的收获，用平静的心态接受孩子，家长千万不要着急。下面的方法可以供陪写作业的家长们参考：

1. 了解作业现状。有些作业真的很难，曾经有个妈妈在网上出了一道小学四年级的数学题，难倒了清华大学的博士生。所以在写作业的过程中出现问题，有不懂的、不会的、错误的很正常。有的题目不是你认真听了老师的课就一定会。对于孩子不会做的题目，我往往会问他，需要我帮忙吗？他如果说需要，我们就共同解决，我不会的，再找其他人询问。后来我孩子发现，他不小心遇上了一个超级笨的妈妈，好像所有他不会的题目来问我，我也不会，我会很抱歉地对他说，妈妈也不会，对不起，但是我们可以一起想办法。后来他就不再问我了，他说他会去学校利用课间时间问老师，我就很开心地说那你问完了能不能回来教教我，他于是很认真地利用下课休息时间去找他的老师，因为他问完了还要回来教我这个笨妈妈。

2. 接受孩子的现状。不是别的孩子会做的，你家孩子就一定会做。不是认真做了题目，答案就一定正确，也不是你努力了，考试就一定能获得高分。所以平心静气地接受孩子的现状，不是纠结对错分数，而是在于解错题，找到失分的原因，是帮助孩子解决问题，不是指责孩子为什么犯错。

3. 制订规划，养成习惯，让孩子自主完成作业，写作业不是家长的事，是孩子的事。

(1)有学习规划的孩子知道自己为什么学习，怎么学习，知道如何分配时间。这也是我建议很多家长进行成长规划的原因。

(2)有兴趣的学习才会开启孩子的内动力。爱玩贪玩是孩子的天性，很多的发明家科学家都是在玩中找到了科学的真谛，创造了推动社会发展的奇迹。与其每天在旁边坐着盯着，不是心脏病就是脑出血，孩子烦躁着抗拒着，亲子关系一到写作业的时候就鸡飞蛋打，不如让孩子带着自己的兴趣，为实现自己的梦想，快乐的自主的学习。

4. 陪伴有方法，不要额外增加孩子的学习负担：

(1)有的家长陪孩子写作业就是孩子写，家长在边上看着盯着，偶尔还要指手画脚一番，孩子写完一门，就帮着检查一门。家长可以换位思考一下，假如你做事的时候总有个人盯着你，你会有什么想法？所以与其坐在边上盯着，近距离的陪着，不如坐得远一点，看看自己的书，抄点佛经，练练书法，孩子在学习，你也在学习，别说自己为了孩子没时间做这做那，时间也是可以调剂安排的。如果孩子遇到了困难问题需要你帮助了，你的陪伴随时都在，孩子独立完成的时候，你也有自己的时间充实自己，两全其美。

(2)不要随便给孩子增加作业，让孩子有玩和放松的时间。现在孩子的学习压力都很重，有的孩子额外还需要上补习班或者是艺术课，他们真的很辛苦。所以不要一看见孩子有玩的时间，有睡觉的时间家长心里不舒服，就要给孩子额外的增加作业。质量比数量重要，好的休息和有意义的玩、和谐亲密的家庭关系、劳逸结合，这些都比单纯的写作业更能让孩子快乐健康。

5. 关注孩子的情绪，解决矛盾和分歧的唯一方式是有效沟通；

(1)相比陪孩子写作业，家长可能会发生心梗、有性命之忧，反过来逼孩子写作业，孩子也可能会发生极端的事件，这些事件有可能是当时就会发生，给一个家庭带来悲剧，也可能会在未来五年十年才爆发，给孩子未来的道路铺上阴影。所以关注孩子的情绪是比关注作业更重要的事情。

(2)允许孩子有情绪，犯错误，想偷懒。孩子在成长的过程中一定会有错误，会有情绪，会想着偷懒，这都是人正常的机能反应，学习累了，又被家长老师批评，就不想写作业了。考试考多了，成绩又总是不理想，就会很烦躁，大冬天暖和的被子，要爬起来去上学……这个时候家长别急别太多担心，给孩子一点时间来做自我调整。不要上纲上线一堆道理或者拳打脚踢。

(3)咆哮怒吼只会伤身，指责批评只会逆反，不管不问只会放任，拳打脚踢只会冷漠，唯有良好的适合的沟通方式才能帮家长解决问题，调整好自己的情绪，找到适合亲子们的沟通方式，才会有即使渐行渐远，也会越来越好的亲子关系，才会有和谐的作业时光，你看书我喝茶，你写作业我抄经。

不完美，才让孩子最美！

随机问一个家长，平时你最怕接谁的电话，比率较高的答案是两个，其一领导是通知你加班，临时出差，或者是哪里出了差错叫你去训话，再或者又是临时增加了一个项目紧急开会……如果没有这种电话，那么最害怕其二的就是接到学校老师的电话，是孩子在学校出了什么临时状况，生病了，摔伤了，惹事了？还是作业没写，考试没过……家长只要一看到学校的电话就开始紧张。

随机问家长们，平时你最担心在哪个群里被点名？家长们说当然是家校群、班级群，在那里被老师点名多半不是什么好事。遇到性子温和的老师可能会跟你私聊一下，你孩子今天在学校怎么怎么了，遇到性子急的老师直接就在群里喊话，某某家长，明天你到学校来一趟。特别是遇到群里还会有每天的作业点评，考试点评，遇到学习成绩差一点的，不管你是多大官，多少家财，在这个群里还是抬不起头来，也难怪家长们都逼着孩子出成绩，至少自己可以扬眉吐气。

随机问家长们，平时你们家的钱花在哪里最多？除了必要的生活开销，普通家里的经济支出哪个所占的比重最大，答案是教育支出。商家都知道女人和孩子的钱是最好赚的。而女人自从做了妈以后，还会省下一部分口粮给孩子去报培优班，带孩子去旅行长见识。所以算来算去，家庭教育支出还是最多的。

于是家长们不遗余力地想培养出来一个优秀的孩子，最好是什么都好，学习好身体好成绩好，懂事孝顺听话……

有什么样的父母就有什么样的孩子，孩子的问题90%来自于家长，这些理论并没有错。现在各种各样的亲子课堂、培训机构铺天盖地而来，力图培养出一个个合格的父母，而父母们也非常努力地学习，拼命想补上这缺失掉的关于为人父母的课程。

而我会泼点冷水：不管你再如何努力成为合格的父母，也培养不出一个完美的孩子。有的家长会问："那按照你的意思，学习父母的课程没有必要了？"No，学习当然很有必要，但是要绕开下面的误区：

第一，客观看待孩子的缺点，允许他犯他年龄段该犯的错误。人无完人，每个孩子身上都有缺点，家长要客观看待这些缺点，允许孩子在犯错中尝试，在尝试中犯错，最后在跌跌撞撞中探寻一条属于自己的路，这个过程家长很难代劳。

第二，因材施教，因人而异。一把钥匙开一把锁。我们不能用自家的钥匙去开别人家的锁。每个家庭的环境不同，遗传基因不同，孩子的性格也不同，家庭条件更不同，所以在教养孩子的方面要因材施教，因人而异。湖南卫视曾经推出过一个节目叫做《变形记》，就是让城里的孩子和农村的孩子互换几天生活。这个节目后来受到了很大的争议，原因就是农村的孩子去城里几天以后，再回到农村怎么都不适应了，有的给节目中互换的城里爸爸妈妈打电话，开始爸妈还接电话，时间长了也不接电话了，反而给农村孩子带来了更大的心理落差。节目好不好我不去评论，我只想说，孩子要根据不同的情况采取不同的教养方式。你不要对着一个性格急的孩子催促他完成作业，他会比你更着急；你不能要求一个体质偏弱的孩子一上来就是和邻家孩子一样长跑篮球运动几个小时；你不能要求一个多动的孩子每天能坐在板凳上老老实实地听课写作业……所以当你学习了那些大的道理，不要一股脑地都用在孩子身上，拔苗助长只会适得其反，道理都没有错，但是要因人而异，因材施教。

第三，学习的目的如果是为了改变孩子，不如调整一下目的，先用来改变自己。不知道你有没有这样的时刻，对着孩子说："你看你那样，和你妈一模一样！""你看你懒的，和你爸一模一样！"我们总能在孩子身上找到自己或者是伴侣的影子，不仅仅是长相神态，还有生活习惯和思维方式。有的来访者说："小的时候我很不喜欢我爸爸，因为他不和我们讲道理，只要不听话就打我们，他认为棍棒下面出孝子。我以为我不会这样，可是现在看到我儿子气得我要死的时候，我也是觉得就是要打，打了才能听话。"还有的来访者说："我小时候不喜欢妈妈，她太啰唆，等自己现在做了妈妈，我家孩子也说我啰唆，我怎么也变得这么啰唆？"

每个人在成长经历中都会带着自己一路走来的烙印，都会有生活的痕迹，如果是好的，那就保留下去，如果是负面的，那就过滤掉。父母在学习的过程中，不要以改变孩子为目的，先梳理一下自己，用自己的言行去引导孩子，走向你希望发展的方向。

第四，改变能改变的，接受不能改变的。不是所有的努力都会得到应有的回报，这就是不公平，世界哪里有那么多公平。所以不管孩子是什么样的，我们都要去接受，用孩子能够接受的方式去爱孩子，用自己能够接受的方式去爱自己。当父母越来越好的时候，孩子也会越来越好！

不管你如何努力成为合格的父母，也培养不出一个完美的孩子。家长都是焦虑的，但是当你能够接受孩子都会有错误、都会有缺点这个现实的时候，作为家长的焦虑就会降低。曾经有数位妈妈来参加我的心理沙龙，大家一起分享在育儿过程中自己的感受，最后大家发现一个很有趣的现象，当妈妈说自己孩子的时候，认为孩子的某个缺点自己特别不能接受和容忍，但是其他妈妈听起来都认为这孩子挺好啊，那一点缺点真没什么，不用太在意。家长们似乎都有一个通病，用找寻优点的眼光去看待别人家的孩子，用找寻缺点的眼光去看待自己家孩子。其实是人就不可能完美，孩子也不会完美，能够接纳孩子的不完美，耐心静待花开，用自己阳光而正念的言行去引导孩子的时候，孩子一定会带给你惊喜！

亲子冲突都有哪几种？

亲子关系中会发生矛盾和冲突，意见和分歧是最正常不过的事情了，当家长和孩子发生矛盾冲突时的几种日常的模式：

第一种：吼。

那个温柔可人的小女生什么时候开始变成了河东狮吼的母夜叉？是从有了孩子以后开始的，因为那个小东西是越来越不听话了，于是吼是日常最多见的模式：危险，别动；跟你说过好多次了，你怎么就是不听；洗手再吃，饭都凉了，别跑；作业怎么又没写完，别抢别人的东西，时间到了，怎么还在玩游戏；都几点了，还在磨蹭，快点，快点，你能不能快点……家长用高八度的声音将日常的话语传达成强烈不满的情绪。

如果哪个家长说在养育孩子的过程中从来不吼，那是不可能的，也很难有人做到，可是随着孩子越长越大，这种吼的威力就会越来越小。年龄小的孩子你吼，有作用，孩子会怕会听，但如果吼的频率太勤了，就会影响孩子的性格成长。年龄大的孩子你吼多了，他逆反、烦躁、对抗或者逃避。你吼他一句，他可以顶你十句，再大了，你吼你的，他做他的。当然还有更极端的，那就是离家出走或者结束生命。家长们被气得无计可施的时候，身体就会出现状况，只怕自己的高血压心脏病就是这么气出来的，所以吼这种方式既然无法戒掉，那就尽量降低频率，在关键时候吼，在能起到作用的时候吼。天天吼，经常吼，慢慢就没有太大意义了。

第二种：打。

养丫头的估计舍不得下手，但是养儿子的被气到爆炸的时候，家长们还是会用这招来跃跃欲试。有家长说，孩子小的时候把一堆外面学的脏话带回家，没轻没重地到处说的时候我也是动过手的，再后来发现想打他的时候下不去手了，于是妈妈再被气得半死的时候，就会找孩子他爸吐糟，孩子爸会跟妈妈打太极，你看我陪他的时间又少，好不容易陪他一下，你还让我收拾他，我不做这个恶人，免得他嫉恨我，不过和他谈谈心是可以的。于是这个孩子就在两边都不舍得打的环境下长大了。

在有些国家，如果你动手打了孩子，可能会被取消你的监护权，所以如果不是非常严重的事件，而且是打了一次绝对有效果的情况，还是尽量不要动手。那种打在孩子身上的疼痛，家长也会疼，何况孩子的小心灵还会受伤。来访者小陈今年已经 25 岁了，却清楚记得她的爸爸在初二那年因为一次考试成绩不好打了她的事情，连她父母都不记得了，但是孩子记得，至今说起来依然伤心愤怒。

如果家长将解决问题的方式放在武力上，恐怕孩子也会效仿。所谓“棍棒底下出孝子”的说法，不一定适合现在的年代。山子经常有攻击行为，只要和小伙伴发生矛盾，就会动手打人，其他家长问他跟谁学的，他说我爸妈就是这样对我的，他们一打我，我就乖了，就听话了。大楚网曾经报了一个新闻，武汉一个上初二的孩子长期家暴自己的妈妈，妈妈受不了，打电话求助，记者上门了解情况，孩子说自己小的时候父母就是这么对自己的，现在大了，父母离婚了，妈妈带着他过，每天还是不停地唠叨训斥，他很烦躁，所以就对妈妈动手。

第三种：体罚。

体罚是亲子关系发生矛盾时我极其反对的一种方式，这不仅是对孩子身体的摧残，更是一种心灵的摧残。来访者小吕（男性）患有幽闭症，他说童年的时候只要不听话，就会被父母关小黑屋，所以他很怕那种环境，即便现在成年了，还是不敢一个人坐电梯，不敢一个人待在黑黢黢的地方和闭塞的房间里。童年的恐惧一直在心头无法驱散，所以他最怕停电，每个晚上家里都要点亮几乎所有的灯。

当孩子有触犯规则、纪律或者是家长底线的事情，请将体罚换一种方式，换成一种孩子愿意也能够接受的惩罚方式，比如帮父母做几件事情，或者抄读一篇有意义的文章，等等，这个可以根据具体情况具体对待，而不要用那种摧残孩子的体罚方式，这种方式会给孩子带来很大的创伤和阴影，重要的是它不一定能解决矛盾和问题。

第四种：冷战。

实力相当各不退让，你有你的理他有他的理的时候，适当地冷静下来不是一件坏事情。这个过程中大家都可以冷静地思考一下对方的意见，处理自己的情绪，等双方都平静下来找个合适的机会再继续协商。

在成长的过程中，孩子会不停地犯错误，不停地闯祸，不停地出现状况，家长总是希望通过自己的经验提前给孩子们打预防针，希望孩子能够避免和杜绝这种情况的发生，但是回头想想，作为家长的我们也是摔了很多跤，吃了很多亏才有了今天的修为，少年的孩子，你若不允许他跌跌撞撞碰几回墙，他如何懂得父母的良苦用心？

冷战不是让关系冷淡，而是让情绪平静，让大家各退让一步，找到一个折中的办法。

在关系出现矛盾的时候看到孩子的成长，在孩子出现问题的时候给予适当的引导。没有十全十美的孩子和父母，孩子终会长大，脱离父母的怀抱，父母也终会老去，无力干涉孩子的世界。所以当家长和孩子发生矛盾和冲突时，除了以上几种日常模式的处理，我们还要学会在平和相处的时候如何陪伴和引导孩子，每个孩子都不同，每个年龄段也不同，你在平常都做好了基础工作，当暴风雨来临的时候才不会担心关系的夭折和孩子的偏航。而共同解决问题，共度风雨后关系才会更亲密，彼此才会更信任，孩子才会更健康！

当矛盾和问题出现的时候，也是家长停下脚步审视自己的时候！

我那么爱你，为什么你感受不到？

家庭关系中爱是永恒的主题，不管是亲子关系还是亲密关系，爱是一切的基础。很多年前读过武志红的两本书《为何家会伤人》《为何爱会伤人》，那个时候并不懂得其中深意，后来在心理咨询这个行业中越走越深，接触到越来越多的案例，听到越来越多的心声，我才渐渐明白，最重的伤害，都来自于最近的关系中。同样的一件事，旁人如此说如此做，只是水上的一道波澜，随风即逝，而亲近关系中的人如此说如此做，却仿佛一道烙印，久久难以褪去。

有来咨询的女性说，当感情走到尽头，当面前的这个人已经无法挽回，离婚是我们内心都已经接受的事实，相比离婚这件事情带来的伤害，可能离婚时处理方式和态度更让人受伤。我们原本可以在离别的结尾中给彼此留一点温暖和祝福，给曾经的爱画上一个句号，但是因为这样不愉快的沟通，让我们在离别的结尾中没有温暖和祝福，而是仇恨和怨怼，诅咒和厮杀。

有来咨询的夫妻，是因为子女出现问题才愿意一起走进心理咨询室进行家庭治疗，原本相亲相爱的一对男女，因为一地鸡毛的琐碎，渐渐从什么都想和你说变成了什么都不想和你说。为什么不说了？因为一说就不高兴，一说就吵。是彼此不爱了吗？并不是，爱早已经融入左手和右手的习惯和亲情，爱在某一个不吵架的夜晚和清晨依然跳跃在心底，只是我们该怎么说话、我们该怎么沟通，才能感觉到其实我们彼此依然爱着、欣赏着、喜欢着？

在亲子关系中，我时常能够感受到妈妈们的焦虑和不安，那份沉甸甸的爱压在子女的身上，尚未成人的孩子们接受不起。无法接受他们就会逃避、会抗拒、会攻击；他们会沉默、消极、恐惧。14岁的张同学(女孩)做咨询的时候，在一张纸上画满了红色夸张的人，头格外大，身体格外小，虽然她并没有表达，但是我能感受到她的心里藏着满满的愤怒，她说："我爸妈什么都说是为我好，什么都说是爱我，可我不想要这些好，不希望他们用这种方式来爱我。"已经26岁的小沁在结婚之前给自己的妈妈写了一封信："我终于要嫁给他了，你们的反对一定是有道理的，说实话，我也不是那么喜欢他，但是我在家里待够了，从小到大只要我有任何地方做的不如你满意，你就会说你为我牺牲了多少，为我付出了多少……我知道你爱我，可是这种爱太沉重，我要不起，所以我想逃离。"

17岁的岳同学在家里备受宠爱，家里一圈人围着他转，物质上的各种满足让他从不缺少零花钱，在家里他是一个乖宝宝，所以当警察找上门来，说他和其他同龄的小朋友在胡同堵住其他孩子要钱并且打人的时候，家里没有一个人相信，他的零花钱那么多，他干吗还要出去打人要钱啊。问他的时候，他承认了，说家里的各种满足让他总觉得缺了点什么，而出去打人找别人要钱，他才能在同伙的佩服中感到愉悦。缺了什么？缺爱吗？家里那么多的爱，难道你感受不到？

15岁宋同学的妈妈说，这个孩子从上了初中开始脾气越来越大，一言不合就会发脾气、吼妈妈。妈妈问他："我那么爱你，你为什么要这么对我呢？"他说："你爱我吗？不是，你是爱你自己，爱你的面子，爱你的虚荣，所以只要我考试成绩没有考好，你就会不高兴地说我。”妈妈说：“我从来不会因为你考试成绩好坏，出去炫耀我的面子才说你，我只是担心你如果没有考上一个好学校，以后怎么办？”

家长常常困惑，孩子，我那么爱你，你为什么却感受不到？究竟是哪里出了问题？有时候不是家长不好，也不是孩子不好，不是父母不爱子女，更不是子女故意针对父母，而是亲子的沟通方式出了问题，家长传递出来的并不是孩子感受到的，家长认为自己在表达爱，而孩子认为那不是。

而这一切的原因，都是亲子关系在沟通中出现了问题，所以在沟通之前，家长需要做几件事情：

1. 彼此了解。了解一个人才知道对方适用于什么样的沟通方式，可能一个道理会有无数种讲出来的方式，要找寻的就是哪种方式对这个人管用。

2. 耐心倾听：家长在表述自己观点之前，先耐心地听对方想表述的是什么，而不要只是执著于自己要说的话。说不定你们的观点是一致的，只是讲述和表达的方式不同呢，所以先耐心地听。

3. 合适的环境：沟通需要找到合适的环境，彼此都能够放松下来真诚地交心。环境不好，会阻碍内在的表达。

4. 平和的态度。相比于沟通的内容会产生分歧带来的矛盾，沟通中的态度则更为重要。所以在沟通之前彼此都要处理完自己的负面情绪，以平和的态度进行沟通，态度温和。

若没有良好的沟通，就不会有良好的关系。希望父母的爱孩子能感受到，希望父母的爱孩子能接受。如此，孩子在这样的环境中成长才能身心健康，因为父母给予的爱，是他需要又能接受的爱。

第二篇
情绪障碍

——再强大的人，也会脆弱。

当关系出现了问题，情绪障碍就有了生长的芽床。对于不了解的人来说，他们会认为情绪障碍(包括抑郁症、焦虑症、恐惧症、强迫症等)的人都是小题大做，他们甚至会嘲笑你，觉得你太脆弱、太失败、想不开。他们并不了解大脑化学递质的减少、负面事件的刺激以及长期高压的环境，甚至遗传和家族史都可能会导致情绪障碍的产生，如果把这样的人当做救命稻草，不但不能帮助你，反而会加剧你的痛苦。我们要想好起来，需要找到是正规的治疗方法，是愿意帮助和陪伴你的人。

2020 年，抑郁症已成为仅次于心血管病的第二大疾病，到 2030 年，将上升为中国负担最大的疾病。每年不断递增的抑郁人群，更加低龄化、普及化，然而真正了解它并客观理性对待，求医求助的人不足 10%。这一生，每个人都有患上抑郁遇上焦虑的概率，我们都需要了解它的产生原因和正确治疗方法。

在露台上仰头看满天苍穹，有时候会看到漆黑一片，有时候会看到满天星光，愿你能看到希望，增强信念，能和情绪障碍和平共处，在不断感悟中获得重生！

你的情绪障碍从何而来?

目前，我国情绪障碍人数的庞大也许超出了你的想象，每个人身边都有一个曾经或者正在经历情绪障碍的人，你或许不敢相信这个事实，但是越来越多的随机恶性事件、轻生事件、极端事件，又让我们不得不暗自嗟叹。

大家对“情绪障碍”这个词并不陌生，焦虑、抑郁，狂躁和强迫都是情绪障碍。急性事件的刺激会产生情绪障碍，负面事件的堆积会产生情绪障碍，如果没有合适的渠道来梳理自己的情绪障碍，那么当事人只会有两种途径来解决自己的情绪，一种是伤人，伤害别人杀害无辜，另一种是自伤。

在过去的一年中不难看到类似这样的事件。有人说那是因为这样的人想不开，心胸狭窄；也有人说那是这样的人性格内向，做事极端，也有人说那是这样的人偏执怪异，所以轻生……没有接触过情绪障碍的人会有这样的说法想法和看法，是非常正常的，因为他们不了解。但我客观地说一句，他们会如此做人行事，是因为他们生病了。

有的人病了，他们不觉得自己病了，依然坚持自己的孤僻偏执，极端仇恨，直到走进死胡同；有的人病了，他们隐隐也觉得自己有点不大对，但是不愿意去看病，认为这会遭人非议，受人排斥；而有的人病了，他们能够积极就医，寻求帮助，从而一点点回到看见光亮的路上，获取宁静，收获美好。

生病是人之常态，穿少了会感冒，吃油了血脂高，睡不好会头痛，这些都和生活中的习惯有关，也是因为生活中的习惯积累而成，比如饮食习惯，比如喜欢熬夜，比如运动少了，等等。我们总能在体检报告上找到原因然后去调整。

那么情绪障碍从何而来呢？所有的情绪障碍，不管是哪一种，它一定是从你的关系中来。关系出现了问题，就会患上情绪障碍。修复情绪障碍的方法，治疗情绪障碍的方法也来自于关系。什么样的关系会生出情绪障碍呢？

一、僭越的关系

你管得太多，超出了你该管的范围，关系中必然有人会出现情绪障碍。举个很简单的例子，现在辅导孩子写作业，就是一些家庭极其头疼的事情。不是孩子被逼神经了，就是家长被逼神经了。为什么会这样？因为僭越了。我在高校做大学生心理访谈的时候曾经问过孩子们，你什么时候出现过焦虑或者抑郁或者绝望的念头？出现过的孩子，他们无一例外地回答初中和高中阶段。

小学辅导孩子写作业，是因为孩子还小，学习能力学习习惯需要培养和引导，这个时候家长陪伴孩子写作业，辅导、听写、检查，都是正确的，但是等孩子已经有了自己学习能力的时候，家长需要慢慢往后退，这个时候你还不退，还要将辅导小学生学习的一套用在初中和高中的孩子身上，关系就会出现问题，出现问题的关系必然导致出现情绪障碍的个体。

二、排序出现了问题的关系

不管是海灵格还是萨提亚都明确地告诉我们，家庭是有序位的。心理咨询中的家庭治疗技术就是帮助你重新进行家庭序位的排序，如果你的序位出现了问题，那么情绪障碍也有了滋生的萌芽。举个例子，家里的事情老公总是不管不问，但是对于外面的事情热心快肠，经常加班加点，经常参与同事同学朋友的聚会，表现得生龙活虎，回到家里才真实地表现出累了，倒头就睡，把和家人的沟通放在了末尾。这个排序就是家族成员的序位排在了家庭以外人员的后面，那么问题就出现了。夫妻关系会产生矛盾，如果这是偶尔出现，那么会慢慢积累，还不至于对婚姻有较大的杀伤力，但是如果经常出现，那么家宅不宁，后院失火，当最重要的关系不得安宁的时候，当事人患上情绪障碍的几率就很高。

正确的排序，正确的轻重缓急，才有健康的关系和健康的情绪。

三、施与受的平等关系

一个家庭中的夫妻总有一方做得多一点，一方做得少一点，多的一方是施与方，少的一方是接受方。如果两者之间的多少能够不断替换，也就是说丈夫可能家务做得少一点，但是外面赚钱多一些，而这个钱是给妻子来保管，妻子拥有绝对的支配权；再或者，这段时间妻子忙一些，丈夫管家多一些，过段时间丈夫忙一些，那么妻子管家多一些，这样交替的施受有良好的沟通和尊重，是一种相对平等的关系。

而如果夫妻双方，一方一直在施与，一方一直在接受，长此以往关系就会出现问题，怨恨，苛责、争吵、冷漠就会轮番上演。丈夫认为受到了压力和歧视，妻子认为丈夫没有长大，缺乏责任。女性抑郁患者是男性的5倍，原因多半产生自情感关系中。

施与受也表现在亲子关系中，我们一直在提倡对孩子要有无条件的爱，如此这个关系才是平等的。因为孩子的回报不是对父母，而是以健全的人格、良好的心态去养育他的孩子，过好他自己的生活，这就是一个家庭世世代代沿袭模式，水往下流。当父母要求孩子必须学习好成绩好，考上理想的学校，其实就是在要求孩子对父母的施与给予回报。如果孩子没有给予父母期待的回报，父母会不满意，而孩子又不愿意，问题就来了，父母会焦虑，孩子会抑郁，或者会出现攻击行为，逃避行为，退缩行为。

家庭成员中，将你的手脚放在合适的界限内，不要管多了；将你的施与放在即便对方没有回报你也能承受的范围内，太多了，对方要不起，你也不平衡；家庭序位中，自己的妈妈和孩子是要放在老公后面的；身为丈夫，自己的妈妈爸爸也是要放在妻子后面的，而大宝的位置是要在二宝前面的，你过于爱二宝，关系就错位了，矛盾就来了。

归根结底，情绪障碍从何而来，从关系中来。关系出现问题的家庭个体产生情绪障碍的概率很高，而治疗他们也需要从关系中进行。许多文章的结尾，我都会用同样的一句来作为结束语，那就是愿所有的相遇都是温暖和良善，那是因为如果关系中都是温暖和良善，就会减少恶性随机事件，就会减少产生情绪障碍的人群。梳理情绪的过程，也就是梳理关系的过程！

7个方法带你走出抑郁的情绪状态

当事人许先生在咨询中告诉我，最近他觉得自己非常抑郁，心理压力巨大。有很多的理想，要实施的时候却发现寸步难行，遇到一点问题就会退缩拖延，他也是在犹豫了很久以后，才在朋友的建议下进行心理咨询。听到许先生的故事，知道他这些年在工作与生活方面经历了一些不愉快的事情，让他一直没办法走出来，而童年家庭的不快乐、不幸福和教育的模式也让他感觉受到了很多负面的影响。

一个人不会一直都积极向上、正能量和面带微笑的。每个人都会有这样的经历，有时感觉自己很无力、很无奈，有时对自己没有信心、很自卑。对于童年成长不幸福的人，以及对于遭遇过生活挫折的人来说，这样的情况会经常出现，而且持续的时间会较长，有些人可能选择忽视，以逃避的方式面对种种问题，而有些人可能过分重视而让自己钻入牛角尖。

如果你觉得自己深陷其中不能自拔需要去咨询心理医生，那就去吧。人们常对看心理医生或者心理咨询有一些偏见，觉得需要接受心理治疗的人就是精神问题或心理有病。但其实不然，在近两年我接触的案例中，越来越多的人是因为他们生活中遭遇了挫折，需要一个地方诉说，或者说他们站在了人生的十字路口面临选择，他们需要澄清自己的思维；还有的是现在的社会关系遇到了麻烦或者问题，比如和孩子、配偶，或者同事，他们需要梳理一下自己的情绪，听到客观的分析。这些来访者并不是有些人认为的那样，有精神问题或者心理的病才寻求心理辅导和帮助，而是为了让自己生活得更从容更坦然才会需求心理上的帮助。在国外，很多学校都会有心理治疗师参与到教学辅导中去，为的就是让孩子心理成长更健康！目前，中国高校越来越多的心理咨询室建立起来且非常完善，说明现代人越来越重视自己的身心健康。

如果你不想去寻求帮助，也不想去看医生，只是希望在遭遇抑郁情绪的时候通过自己的调节走出来，提供以下几种方法，大家可以试试：

一、调整心态、改变认知

很多抑郁的人都会长时间处于内心冲突纠结中，如果你已经感觉到状态不对，就告诉自己关注当下。为未来考虑不是坏事，如果很容易陷入忧虑当中，可以暂时只活在当下。回想过去也不是坏事，但是沉迷其中就会影响现在的生活。你要始终相信一个信念：上帝在为你关上一扇门的时候，同时会为你打开一扇窗。任何事情的发生都有两面性，主要取决于以一个什么样的心态去看待这件事情。

有这样一些情绪的人往往会有太多的“为什么”和“凭什么”：为什么这件事会发生在我身上？为什么别人要这样对我？为什么我就这么倒霉？凭什么你就什么都比我好？凭什么你就比我有钱？凭什么他的另一半就对他那么好？如果一直保有这样的想法，久而久之自己的思想会变得非常消极极端，当心态消极时，你看任何事情时的感觉都会是负面的。当你极端时，就会做出不理智的行为，也就不会去发掘事情有意义的一面。

短时间内要从消极的心态调整到积极的心态不现实，这需要长期的思维训练。从调整心态、察觉情绪，到反思自己的内心。当新的观念和思维方式在你身体的运行机制中开始起作用的时候，你就会看到事物积极的一面，从而在较短时间内从消极中走出来。

二、运动

运动可以分泌保持情绪稳定的化学递质，可以让人心情愉快，许多心理学的事例中，我们都看到运动能够对情绪障碍的恢复起到很大的帮助，甚至有人专门做过实验，认为如果你能够长期坚持每天 30 分钟的运动，几年之后可以达到和吃抗抑郁药几乎相同的效果。除了选择健身房里的运动，还有大自然中的运动会让人更加感受到生活的美好。

在运动中我重点推荐的就是瑜伽，瑜伽是一种非常好的、适合身心放松的运动方式，可以帮助睡眠，提升睡眠质量。

三、情感宣泄、倾诉(写日记、找朋友聊天)

找朋友聊天或者写日记都是一种极好的倾诉方法，当你把不愉快的事情说出来并且能够得到朋友的安慰，或者是宣泄在日记本中，既不担心被其他人窥知你的秘密，又让内心淤积的负面情绪得到了释放，而不会积压在你的内心给身体带来损伤，或者是积累到一个不能忍受的地步以可怕的方式爆发出来。

大哭一场，在纸上写写画画，或者是找朋友倾诉都是一种宣泄的方式。

四、寻求一个持续稳定的温暖团体

一个持续稳定的温暖团体可以帮助我们重新获取自信，在其他人和我们一样的烦恼中找到心理平衡和安慰，同时通过交流和学习，大家感受到力量和互相的关心，以及自己的存在感和价值感。要知道抑郁情绪的人多半会觉得自己没有存在的价值，团队精神的鼓励和互助可以让我们在期间感受到价值感，感受到认可。同时这样一个团体会让我们的生活不至于大部分时间都处于独处或者是工作压力的状态，他会让我们感受到轻松和自在。

五、做一些自己喜欢的事情、培养一些兴趣爱好(养花、跳舞、听音乐)

姚女士是一名有着近十年轻度抑郁的来访者，跳广场舞治好了她的抑郁，她现在活得非常开心，一方面是因为她喜欢舞蹈，在表演节目和学习中感受到了快乐和自己的价值，另一方面舞蹈这个团体丰富了她的业余生活，从不太愿意出门郁闷孤单的女性变成了一个乐观积极的舞蹈精英。

音乐是调剂情绪的好方法，有人说唱歌是治疗抑郁排行第一的方法，是不是这样呢？我并没有做过研究，但是想必一定是有很大的帮助，所以唱歌或者是睡前听舒缓的音乐都可以帮助我们。

多一些兴趣爱好可以用来充盈自己的生活，做一些喜欢的事情，可以让自己感受到快乐。

六、换个环境

要是有时候实在受不了了，觉得目前的环境太压抑了，可以换个环境，比如出去度假旅行，做一个短期的调整，当然如果短期调整不足以解决你的问题，也可以考虑给自己换个环境，离开负面的环境。总之，一个人在负面的环境中待得越长，自己越难过，即便情绪上不会爆发出来，也会折射在身体的一些部位，造成一些慢性的疾病。我的一个朋友生完孩子以后生理期从来都不准，即便是去看医生或者吃药也是时好时坏，自从她换了个环境开始生活以后，生理期居然在没有任何药物帮助的情况下正常了，情绪状态的好坏对慢性疾病有着不可思议的影响力。

七、重新修订生活目标

要是觉得太累或者压力太大，正是给自己调整目标的时候，根据自身的情况可以重新修订生活的目标，放低一点要求，降低一些欲望，当整个状况都有了好的进步的时候，可以再重新修订目标。

最后，当通过自己的力量都无法帮助自己走出长期抑郁状态的时候，那必须寻求专业人士的帮助，早干预早治疗。

心理咨询有用还是没用？

经常有人会问，心理咨询究竟是有用还是没用？有人回答，没什么用，有什么病是说几句话就能治好，有什么问题是说几句话就能解决的呢？那只是骗钱的新行当。有人回答，真的是有用的，它解开了我的一个心结，通过咨询让我认识了一个全新的自己而爬出了沼泽。心理咨询究竟是有用还是没用呢？也许每个人的切实感触不同，也许有的人根本没有亲身体验，只是自己的主观判断，根据我接触到的案例，以及我自己的亲身体会，对于有用没用给出以下答案：

一、信任度

选择一个和你匹配的心理咨询师是非常重要的。所谓匹配的含义，就比如老师讲课，也许每个老师都是优秀而负责任的老师，但是每个人的授课风格不一样，学生的体会不一样，有的学生喜欢幽默的老师，他接受起来比较快，有的学生喜欢严格的老师，他觉得这样能给自己适当的压力。一个适合自己的老师能够让学习内容更容易理解消化，而一个不适合自己的老师可能会让自己有放弃这个学科的想法。咨询师也是一样，一个让你能够感觉有亲和力、能够在你咨询的问题上更专业、咨询风格让你更容易接受的咨询师才能够让你对她很快建立信任感，而信任度决定了你对她能敞开多少内心的世界和真实的想法，敞开得越多，表达得越真实，才能对咨询起到作用。如果从头到尾什么信息都没有，或者你给出的信息都是掩饰的、虚假的，那么这样的咨询当然不会有用。

二、咨询时间

我们把一次咨询的时间定格为50～60分钟，这是一个有科学理论依据的时间。来访者希望在这一次咨询里就能够解决完所有的问题是不可能的，问题的积累需要时间，解决问题当然也需要时间。人的念头会瞬息万变，事态的发展也会瞬息万变，我们不可能在一次时间里定格完过去、现在和未来的所有状况。所以，如果你认为一次咨询就能解决完所有的问题才是有用的，而如果不能解决就是没有用的，那么就是再顶尖的咨询专家对你而言可能都是忽悠你钱的骗子。

三、病症程度

如果来访者的心理问题属于轻度范畴，心理咨询会起到很大的作用。但是如果来访者的心理问题已经不仅仅是轻度的情绪障碍，而是比较严重的神经症状或者精神症状，有的还会有躯体症状，仅仅心理咨询是没有用的，需要专业的精神科医生介入，做出权威的等级判断，考虑是否需要药物治疗。在药物治疗的帮助下，心理咨询的配合才会起到作用。

四、来访者想要达到的效果

有的来访者做咨询时，并不是来解决自己本身的问题，而是解决他人的问题。比如我的老公有了外遇，你能不能让他回头是岸？我的孩子学习不努力，你能不能让他听老师和家长的话，不要和我对着干？我的上司处处给我穿小鞋，你能不能让他对我宽容一点？等等。我们不能改变非来访者，我们只能通过帮助来访者做出改变调整，给出一些建议和方法，以达到来访者想达到的目的。如果你的目的只是想改变老公、孩子、上司、婆婆或者是亲爹亲妈，而不是自己，这样的咨询是没有用的，如果你真心想改变的是自己，咨询一定是有用的，它会让你变成一个更好的自己，或者找到一个未知的自己，从而换一扇窗户看待生活。

五、来访者本身的信念

以前看过一个幽默故事，说是一个人信上帝，结果他的家乡发生了洪水，他就等着上帝来救他，结果等啊等啊上帝也没有出现，他死了以后就去找上帝，说我信你那么多年，结果我遇到了灾难，你为什么都不来救我？上帝说我一直在派人救你，那个滑水艇，那个救生圈，那个直升机都是我派去救你的，你为什么不抓住呢？心理咨询也是一样，通过双方的了解互动，会有一些作业，会有一些帮助你改善的方法，会有一些行为上的锻炼，有的人会很认真地遵守执行，结果越来越受益，即便有些反复，但大体还是螺旋上升的，越来越好；而有的人，不按照这些方法去做任何的调整和改变，他有无数个理由对上帝说，我以为你会直接拿个魔杖对我动动手指，我就到了安全地方。如果你有这样的想法，那么心理咨询对你而言永远是没有用的。解决问题、康复情绪障碍的本身就有一个过程，需要你坚定信念，用积极的行为去锻炼，用包容的态度去接受。就好比一个人掉到了坑里，消防队员来救他，给他扔下去一个绳子，只要抓住绳子就可以上来，可是若他连伸出手去抓绳子都不愿意，那怎么起到作用呢？

心理咨询有用还是没用，在于每个人的感受不同，但是作为一个专业的倾听者，心理咨询一定是一个最安全的树洞，让你的心灵得到释放，让你阴郁的心灵拥有阳光，用爱陪伴你并和你一同成长！

今天，你睡好了吗？

越来越多的医院开设了睡眠障碍科，这个以前合并在其他科室的症状，被单独罗列了出来，成为了一个专门的科室，可见现在需求量之大。

我曾经参加一个众筹活动，第三个发言人讲述他的众筹项目，就是在都市中开辟一个专门睡觉的酒店，有专业的隔音设计，有心理咨询师的疏导，有运动项目的配合，有催眠睡觉的音乐和精油，还有墙壁的颜色、卧具的舒适度、枕头的高度等，都在设计时考虑的范畴内。发言人说，我要让那些失眠的人一走进我这家酒店就能睡着，而且还能睡好，当然我的价格也不会便宜。这个众筹项目获得了大家的热烈讨论，一时间风云迭起议论纷纷，原来大家都曾有失眠的经历。

失眠绝对不是一个独立存在的现象，它的背后一定有一个关于失眠者的故事。或者是你的身体在提醒你哪里需要治疗，或者是在警告你目前的作息规律需要改变，或者是你心里悬而未决的那件事情需要有个结果，或者是你有一个藏在心里的秘密需要一个地方倾诉，需要有人理解安抚。

我曾经因为连续 7 天的失眠经历而去看过医生，当然我并不是完全睡不着，而是根本没有办法达到熟睡的状态，于是我去看医生。长椅上歪歪斜斜的都是等着叫号的病人，有人说我从吃一颗安定开始，到现在吃到四颗安定，依然睡不着，没办法才来看医生。有人说我一晚上可以醒无数次，反反复复烦躁不安，有的说可以睁眼到天亮，别说数羊，数兔子都不管用。医生给我开了一种药，很小的白色颗粒，说半片就可以了。我上网搜索了一下这个药物，副作用把我着实吓了一跳，以后的日子里，除了有一天的确是想尝试一下这个药物的功效吃了半颗以外，剩下的我都不知道扔哪去了，而出奇的是，从医院回来的这个晚上我居然睡得比什么时候能好。

后来我想了一下，可能是我在等叫号的过程中听到周围失眠者说他们的经历，听起来大家好像都比我严重，都比我时间长，但是好像大家还都能活着。焦虑症的人往往会放大事情本身带来的影响，而我那个时候正处于焦虑症的早期。当听到原来这么多人都可以和我一样有失眠症状的时候，心中似乎就找到了安慰，当天晚上我就很自然地睡着了。

如果我说失眠是可以不药而愈的，不知道是不是有人会相信。那我们那看看下面的类型，你属于哪一种，然后对症尝试一下，那个时候再来回答，你是不是相信失眠可以不药而愈。

失眠的第一种情况是身体器官的确出现了状况，这个时候你需要去医院做一个检查，进行治疗，当影响你失眠的身体原因解决了，你的失眠就好了。有一个失眠者，他之所以失眠就是因为他的鼻子有问题，只要一睡着，他的鼻子就会堵塞，迫使他醒来，再睡着，再堵塞，再醒来，就这样反反复复，最后他都不敢睡觉了，后来去医院检查，医生说是鼻中隔偏曲，做了一个简单的手术，这种堵塞情况消失了，他的失眠也就好了。

失眠的第二种情况是神经出现了问题，也就是情绪障碍，引起失眠的第一大杀手就是焦虑，然后还有抑郁，当这两种情绪跟随你并驱之不散的时候，失眠就会经常来做客，这个时候如果你对焦虑和抑郁进行治疗，你的失眠自然也就好了。还有一种说法就是，当你的失眠症状态有所缓解的时候，你的焦虑和抑郁已经走在了康复的路上。

失眠的第三种情况是遇到了应激事件，比如重大事件的刺激或紧急事件的压力，而当这个事件过去以后，失眠的症状就会慢慢恢复。比如孩子们在经历重大考试的时候会出现这种状况，中考或者高考前两天开始睡眠就不太好，等考试结束以后，孩子的睡眠就自然恢复到了正常情况。还有就是家里有人生病了，处于一个危险期当中，也无法正常地睡眠，等到家人的危险期度过，病情处于稳定，失眠的人也可以进入到正常的睡眠状态，这些就是应激事件造成的失眠。

失眠的第四种情况就是人们常说的你有心事，心神不宁，何以安枕。唯有将心中的这件事情解决了，你的失眠也就没有了。有个小伙子喜欢一个女孩，但是他一直藏在心里不敢开口，因为工作关系，他们偶尔会有交集，只要今天这个女孩出现了，小伙子晚上的睡眠就不好，翻来覆去想的都是这个女孩，要不要去表白，怎么表白，被拒了怎么办？这就是典型的心中有事的失眠状态。

上面说了失眠的几个分类，再给大家推荐一些缓解失眠避免失眠的方法：我有个朋友曾经给我讲过他的一段经历，他有两年断断续续非常严重的失眠经历，后来他练习太极，经常习作，失眠慢慢就好了。还有个朋友因为心中有事，总是失眠，事情解决了，他吃了几个月的安眠药也停了，自然就好了。锻炼身体，练习静坐，这都是治愈失眠的方法，你可以从中挑选一个适合自己的坚持下去，就一定能看到效果。

还有，最关键的就是心灵要平静，我睡不好觉的时候往往会去念佛经，或者放一段大悲咒，在祥和中找到宁静，然后渐渐就睡着了，偶尔会睡不好，或者有事情一夜难眠，但是再也没有过持续失眠的情况了。

买床的时候，我们会计算人这一辈子在床上的时间有多少，所以一定不能亏待自己，要买一张好点的床。这说明睡眠对我们格外的重要，它不仅养生，还养颜，睡好了觉不用敷面膜出门脸上也是水嫩有光泽的，睡不好一夜之间老了十岁。

心中坦荡，夜夜安枕，女人可不要小看了睡觉哦，它是最好的护肤品，千万不要让一件事纠结太久，而忽视了柳暗花明的又一番风景，祝各位每日睡好，高忱无忧。

养身从养心开始

当我们渐渐步入老龄化社会，越来越多的人开始注重养身，以免费体检为幌子出售的保健品层出不穷。小区里有一个大爷，平时是一个非常节约的人，面对保健品的诱惑却无法抵挡，总是能买回一大包来当饭吃。还有各种各样的健康讲座，问你今天血糖正常吗？明天血脂高吗？后天你的心脏有没有堵塞？那些会上下浮动的指标总是让人那么焦灼不安，真担心一觉睡下去，明天还能不能睁开眼睛。

一天万步，一周运动最少不低于几个小时，每天消耗多少卡能量，都有软件严格帮你记录，甚至不达标还会受到惩罚。四季更替，吃什么穿什么，也有养身专家给出不同的建议。睡眠时间，什么时间最好，什么年龄段一天睡多少小时才是正常，养身无处不在，养身无时不在，因为人们都渴望健康，渴望长寿，渴望有质量的生活。

人的身体对应的是大自然的万事万物、白天晚上，就如男人和女人，四季有春夏秋冬，人生就有酸甜苦辣，五脏如金木水火土，诸如此类，所以唯有四季平和，没有过度的冷，没有过度的热，没有天灾，才会太平。而人体也是一样，身体没有过度的消耗，没有过度的爱惜，没有过度的伤悲，没有过度的欢喜，也才会健康！

随着年龄的变化，一些身体机能会渐渐减退衰老，这个就如四季轮回一样，都是正常的规律，如何判断人是否健康呢？吃得香，睡得着，每天都能开心地大笑，这就是最健康的表现。

所以，想要一个健康的身体，必须从养心开始。现在很多人都会为了睡觉发愁，因为越来越多的人睡不好觉，而造成失眠的最主要的原因就是焦虑和抑郁，心中无事，自然高枕无忧，心中有事，自然夜夜难眠，所以总有人说："哎，这几天我睡不好，因为家里有个什么什么事情。因为马上有个什么什么考试，因为孩子不听话，把我气个半死……"我有一个朋友因为家里遇到点事情靠吃安眠药过了四个月，那个时候我经常会提醒她，说你尽量不要吃，免得以后不好戒断，或者吃的剂量一定要控制。她也不听我的，说睡不好白天没精神上班，睡不好一晚上都胡思乱想，越想越睡不着。后来这个事情解决了，过去了，她也没有逐量减药，就直接不吃了，也没什么副作用，睡好了，气色看着就好起来了。好心情赛过药物。还有一个跳广场舞的阿姨，每天带着一群时髦的小老太太跳舞，转来转去的舞姿有时候我看着都头晕，她却可以轻盈得像个少女，可见身体还不错。有一天突然说她生病了，要休息一段时间再来教跳舞，我们去看她，问她什么病，她说她靠安眠药睡觉已经很多年了，可是现在每天吃药都睡不着，因为家里惹上了一个不大不小的官司，事来了，心不静，多少安眠药都失效了。

再来说说吃得香。身体中很多的慢性病，特别是长期检查没有器质性问题却始终不好的病，多半都不是身体的病，而是心理的病。当你焦虑了、抑郁了，身体就会有奇奇怪怪无数种病相表现出来，而你去医院无数次都查不出来。我焦虑严重的时候去看过无数次医生，心电图做了无数次，医生说看不出来有什么问题，最后说太紧张造成的。朋友抑郁的时候，肚子疼得 24 小时不能停止，什么都吃不下去，住院治疗许久也找不出问题，结果治抑郁的药一吃，肚子不疼了。一个 10 岁的孩子吃什么吐什么，瘦得皮包骨，在儿童医院进行肠胃治疗，打个十几天针好了回去没多久又犯了，就这样反复看了一年半，最后去精神科一看，说是学习压力太大造成的，疏导调整后慢慢就好了。一个男人胸口疼了 8 年，城市的三甲医院都跑遍了，主任专家会诊多次也没有结果，只是告诉他，肯定不是癌症，要是癌症你早死了，直到精神科和心理科开始越来越被人们重视，推荐他去看，他才得到治疗。

一个人在真正开心大笑的时候，身体会产生奇特的元素，增加免疫能力，提高新陈代谢，让你感受到愉悦和快乐，让你焕发青春光彩，让你皮肤光洁。不管你得了什么样的病，医生都会说上一句，要保持心情愉悦，要保持心境平和，唯有这样你才能早日康复。有心脏病、高血压的人不能激动，肠胃不好的人不能太伤感。当你情绪好了，它就是最好的医生，能够帮助你早日愈合伤痛，提高生活质量。

养身从养心开始，在仇恨和寒冷中的心灵只会更加痛苦和愤怒，让身体备受摧残，哪里还能吃好睡好开心生活呢？而在温暖和宽松中的心灵才会散发出光芒和健康，平和淡泊，少些欲望少些贪念，知足常乐，也就能够吃好睡好。事有千种，人有百态，愁不完，赶不走，无法预知，无法计算。就如秋季，有人欣赏那层林尽染的美好，有人悲伤那一地落叶的金黄，角度不同，心境不同，世界不同。心不同，身则不同。就算身体再好，日日在痛苦中煎熬，身体也会吃不消，就算身体偶有小患，却能够乐观知足地生活，也能颐养天年。

佛家说，修行是什么？修行就是饿了吃饭，困了睡觉！

选一碗适合的鸡汤

有人说，现在鸡汤太多了，每天看得眼花缭乱，上一篇劝你人生一定要努力，一切的成功都是靠努力；下一篇劝你人生一定要顺其自然，不是努力就一定能够成功；前几天才看了一篇婚姻要且行且珍惜，昨天晚上又看到已经无话可说的婚姻没有勉强的必要；上个月那个公众号建议人生要奢华，唯有奢华才能逼迫你不断前行，奢华也是你人生的价值，这个月看到另一个公众号建议人生一定要简单，唯有简单才能快乐，一切物质都是虚的；某心理老师的文章写的是教育孩子不能心慈手软，而某心理专家又说陪伴孩子不能太过苛责严厉；有的鸡汤如蜻蜓点水，只是那么淡淡的一笔，有的鸡汤如洋葱剥皮，每一层都道出眼泪，有的鸡汤浓烈似火言词犀利，有的鸡汤温暖柔美，仿佛春姑娘的手，万花丛中迷了眼，如果这种种鸡汤统统喝下去，是不是会阴阳失调、相生相克、令人无所适从？

鸡汤有很多种做法，有人喜欢清水炖汤，不加太多佐料，看重的是原汁原味，但是鸡要是好鸡，来自于大草原，来自于生态农场，绝对天然，绝对放养，自然美味，清淡宜人。这样的鸡汤适合有一定自省能力的人，可以自我觉察，可以自我醒悟，只要淡淡的一笔，他就能分辨出何去何从，有所领悟。有人喜欢进补的鸡汤，虫草、雪莲、人参、枸杞，浓浓的药膳扑鼻而来，这样的鸡汤适合那些气血不足，脉搏细弱的人，要把鸡汤做成药膳才能起到滋养的作用。这样的鸡汤适合内心力量不强的人，需要强有力的推动和助力。若你习惯清淡，就不要喝药膳，免得补出了鼻血；若你喝药膳才能感觉到鸡汤的味道，就不要选择清淡，免得像白开水一样无滋无味，还浪费了一碗纯美的鸡汤。

做鸡汤的人本身没有对错，因为厨师的背景不同、文化不同、年龄不同、经历不同，并不是一碗鸡汤做出来就可以适合所有的人。张德芬曾分享了自己的一段经历：不要过多在乎别人的评价和感受，只根据自己的体会写文章，因为每个人的观点不同，角度不同，评价自然也会不同。她的一篇文章，一分钟前可以有人在后台留言，你写得真好，对我很有帮助，一分钟后有人也会留言，写得什么狗屁玩意，都是胡扯。我常常也会得到类似的评价，一篇文章发出来，有人会在后台留言写得真好，文章很有帮助，然后会将文章和公众号推荐给更多的人，我想这碗鸡汤符合她现在的口味；有的人会留言，写得太差，完全是瞎说，然后一堆指责过后，取消对公众号的关注，我想这碗鸡汤要不就是触碰到了他的某个伤口，引爆了他的愤怒和不满，要不就是他不好这一口。这样的事情几乎每天都有，所以一碗鸡汤，有人惦记就有人忌口，这都是人们根据自己的现状在做适合的选择。

前段时间我和一个亲戚聊天，他对我每天在家里悠然地看书写稿做咨询，抽空还可以出去旅游度假的生活羡慕不已，觉得他现在为了生计累得像狗一样的生活完全不能比，他说我也想像你有些文章中说的一样，顺其自然，随遇而安；我说假如你已经 50 岁了，那这碗顺其自然随遇而安的鸡汤喝下去就对了，但是才 20

岁的你凭什么有大好的青春而不去努力，那些年轻就要奔跑、就要努力、就要拼搏的鸡汤才适合你，顺其自然的这碗你不适合，而我年轻的时候比现在的你努力十倍，只不过那个时候的你还没有出生！

我的一个朋友和老公一直在闹矛盾，我成为夫妻二人的知心大姐。通过他们之间描述的种种事情，可以看出老公对这个家是尽职尽心尽责的，对朋友也是很好，只是他不懂沟通，有时候似乎不能读懂女人，另外工作压力也的确很大，在婆媳之间的处理上也有一定问题。朋友以老公的种种不对作为离婚的理由，甚至给我发了很多个鸡汤文章，大多是一个人也可以很精彩，不适合的婚姻早一点结束，等等。我对她说，你目前的情况，选错了鸡汤，你应该去选择做家庭婚姻治疗的鸡汤，这样你们的婚姻才能走向幸福，因为你的老公心在家中，他还在负责认真的做一个丈夫，只是要学会如何去体察你的情绪和提高处理家庭关系的情商。而另一个朋友也一直在婚姻中挣扎，她的老公三天两头人间蒸发，对家里诸事不闻不问，甚至她在医院住院治疗都不会去看一眼，朋友还在看那些自我努力修补婚姻的鸡汤文章，即便一直努力也是枉然，自己常常彻夜难眠，我说你也选错了鸡汤，你最应该看的是放下错的，选择对的，及时止损。

如果你正风华正茂、青春焕发，请选择那些让你努力奔跑的鸡汤，如果你已步入中年，历经沉浮，就多看看那些寻求内心宁静的鸡汤；如果你美丽和能力共存，只是现在还是一个“齐天大圣”，那有什么关系，多看看那些一个人也可以精彩生活的鸡汤，不要让那些一地鸡毛的俗尘玷污了你快乐的单身生活；如果你是一个上有老下有小的家庭主妇，那就多看看修身养性的鸡汤，让自己在琐事凡尘中找到心的宁静，看到平凡的美好；如果你有一个自主能力很强、正在青春期的叛逆孩子，那么就远一点距离，少一点关注，多一份尊重，这样的鸡汤会教你怎么做一个睿智的家长；如果你的孩子还在幼年，尚是一张白纸，那么就在游戏中教会他生活的习惯、有趣的知识，多一些陪伴和照顾，这样的鸡汤会教你做一个称职的父母。

鸡汤种类繁多，厨师品位不同，没有对错，没有好坏，那些能给你能量的，能让你有所触动并给予你帮助的，能够让你躁动不安的心宁静祥和，能让你感觉到生活的快乐，能让你在匆忙黑白的世界中看到春花秋月的不同美好，能领悟到月圆月缺的不同成长，那就是适合你的，千万不要什么都喝，那有可能会伤及五脏六腑，令人走火入魔！

疾病和情绪息息相关

01

越来越多的科学实验证明，身体的疾病和情绪是息息相关的。当身体和我们的情绪发生对抗的时候，人就会生病。

举个很简单的例子，一天工作下来，人的身体是很疲惫的，需要进入一个安静的环境，完成高质量的睡眠，但这个时候如果一些事情还停留在人的思维里，情绪无法达到安静的状态，高质量的睡眠就是一种奢望。这样对抗持续的时间长了，人就会生病，或者是免疫力降低，增加感冒的次数，或者是开始失眠。

有段时间我的头发掉得很厉害，早上起来枕头上床单上、床边的地上都是大把大把的头发，那段时间头发异常干涩枯黄。打电话询问医生朋友有没有什么不掉头发的方子，他第一句话就问我，你最近睡觉怎么样，我说不好。他说不用吃什么方子，睡觉好了，头发就不掉了。他说："你是做这行的，比我更容易找到睡不好的原因，所以你解决了这个问题，相信掉头发就会得到改善。"我当然知道睡觉不好是因为那段时间诸事烦扰，紧张烦躁，实难安枕。后来这些堆积在心里的杂质渐渐化解，睡眠也一天天好起来，很长时间内我都忘记了掉头发这件事情，是我多年不变的理发师很贴心地问我，最近睡觉好了吧，看你头发质量好了很多，才让我记起来。

每逢重大考试的前后几天，有的孩子就会开始闹肚子，频繁去厕所，但是等到考试过去了，这种现象就会不药而愈，这就是一种紧张情绪造成的身体反应。因为身体接受不了高强度的紧张，想放松，但是情绪却无法放松。

张先生的胃痛已经持续了很长时间，他去医院做过胃镜检查，医生说只是普通的胃炎，除了吃药和自己在饮食上调节，似乎没有什么更好的方法。但是张先生胃痛却一年比一年厉害，疼得吃不下饭，睡不着觉，换了好几个医院看来看去都是一样的结果。后来遇到一个医生问张先生："你什么时候会发作，什么时候会不发作？"张先生想了想说："工作上有新挑战的时候会发作，那个时间加班加点，饮食没有什么规律，还要出差开会。但是等这个项目完成了，生活规律了就会发作得少一些。"医生说："你的胃需要有规律的生活，但是你还在忙碌地工作，它不高兴了，它用疼痛对你提意见呢！"张先生当时觉得这话很好笑，可是后来他换了个相对轻松的工作，生活也有规律了，不再那么争强好胜，胃痛也一天天少起来，最后去复查，几年过去了，胃炎没有消除也没有加重，疼痛却少了很多。

别让身体和自己的情绪发生对抗，如果疾病来找你了，一定是你对抗持续的时间长了，那么赶紧做出调整和改变。让情绪跟着身体的感觉走，累了就休息，不要在自己已经疲惫的身体上还要加上崇高的理想、压力的挑战。身体没了，你还能有什么？

02

有去医院看过病的朋友都知道，有一些通过各种先进仪器检查不出来的疾病却反复发作，的确给身体带来痛苦的症状，医学上会有个定论叫做更年期综合征、经期综合征，还有神经性头疼、神经性皮炎、胃痉挛、肠痉挛，等等，这些疾病除了和身体本身长时间的消耗有关，还和人的情绪有关。

妇科的疾病比如乳腺子宫和婚姻生活的幸福相关。那些在婚姻生活中幸福的女子得这种病的概率较小，因为她们的情绪得到了安抚。当然要除去一些遗传等特殊原因，而那些在婚姻生活中缺乏安全感，郁郁寡欢的人得这种病较多，因为她们的情绪无法得到释放。以前有个同事和他的妻子感情一直不好，从结婚开始就经常不回家，对妻子也没什么关心照顾，一直到孩子出生才偶尔回家露面。他的妻子过得并不好，但是因为好面子，她也很少对外人说她家的事情，所以都压在了心里。孩子 6 岁的时候检查出了乳腺癌，我们代表单位去医院看即将做手术的她，她对我那个同事说我走了以后，如果你再找一个，一定要对孩子好，我别的没什么要求。一句话说的在场的各位都唏嘘不已，同事似乎受到了某种震撼，从那以后对待家庭像换了一个人样，妻子的每一次化疗他都陪伴，每一次去医院复查他都相随，直到 8 年后医生说 8 年没有复发，可以放心了。同事的妻子说如果没有同事的陪伴、鼓励、温暖，恐怕她活不了那么久，如今他们的孩子已经上大学了，她还好好地活着，他们的家庭幸福快乐，每个节假日一家同游，其乐融融。

快乐的心情更有益于疾病的恢复，有时候让疾病恶化的不是病情本身，而是自身害怕恐惧担心的情绪。

03

我曾经在做咨询的过程中有过一次这样的探索。小安是一个对社会充满了仇视的人，主要的仇视对象就是对他单位的领导，他认为单位所有的人都瞧不起他、对不起他。每次他说起单位的人是如何如何对他的时候，就会抱着头说自己的头痛又犯了，我也可以看到他手上青筋暴起。我在他头疼的时候说我们做一个实验，看看能不能帮你缓解一下疼痛。他说好，我问最近有什么开心的事情吗？他说没有。我说那你 30 年的生命中有什么开心的事情吗？他沉默了一会，说了一两件，那个时候，他的手慢慢地在头上舒展开来，青筋也随着变淡。我说这个时候，你是不是头疼好一些了？他感受了一下说好像是的，你这是让我转念吗？

我没有直接回答，我知道我的探索方向是对的，这不仅仅是转念，而是让你的情绪改变一下路径。仇恨和愤怒自然会让你头疼不已，而那些带着甜蜜和温暖的往事却能抚平这样的情绪，就好比一对恋人接吻的时候就会产生大量的多巴胺，让你自身的免疫力得到提高。

有关这方面的话题还有很多，最后想说一句，当疾病来了的时候，它是来告诉你，身体和你的情绪发生了对抗，你需要作出改变，千万别忽视了这个信号。

身处痛苦的漩涡，是逃避现实最好的借口

人活到一定岁数，谁没有点痛苦的经历？学生被作业逼得转钟还不能睡觉，电子产品被家长如数没收，一个月一次的排名大考……对于孩子来说都是痛苦的噩梦；情窦初开的年华喜欢上的那个长发飘飘的女生却连正眼都没有看过自己，不敢表白单相思的滋味就像心碎成了几瓣，每一瓣都是痛苦；再后来，看好的房子买不起，喜欢的男生结婚了而新娘不是我，亲人的葬礼、孩子半夜的高烧、滑雪时不小心骨折的手臂……似乎成长中总会与痛苦二字无数次擦肩而过。

这些痛苦，有的人过了就过了。孩子们继续和家长斗智斗勇，躲在被子里追一场动漫、打一场游戏；成年了，喜欢的男生娶了别人，做不到祝福，那就约上几个闺蜜大哭一场，闹腾几天，在心里说上一句“拜拜”，穿上高跟鞋，不辜负化妆品，把自己打扮得美美的，再去寻找一个愿意娶自己的男生；因为单相思碎了几瓣的小心肝，在黑夜里缝缝补补，继续前行，然后有一天就发现有一双温暖的手伸向自己，有一个值得信任的怀抱对你敞开，破碎的心突然就愈合了；孩子生病了，每一针扎在孩子的身上，他

哭得肝肠欲断，大人疼得心如翻江倒海，过些天病好了，也就好了伤疤忘了疼。我们就在这样的日子中一天天成长，在喜怒哀乐不断交替的人生中渐渐前行，跨越痛苦。每一次痛苦的经历，都让我们更加懂得珍惜现在，懂得远离小人，懂得幸福的来之不易，懂得不要去重复同样的错误。

痛苦的滋味很难过，其实没有人愿意待在里面，大家更愿意品尝快乐和幸福。

可是我们会发现生活中还有一种人却愿意在痛苦的漩涡中待着，不愿意让外面的阳光温暖他们的心灵；不愿意努力跨越，让明天的希望冲淡曾经的哀伤；不愿意将曾经痛苦的经历锁进心灵的小角落里，而腾出更多的位置去放下希望美好。他们身上背着痛苦，嘴里喊着痛苦，眉头锁着痛苦，记忆留着痛苦，四处播撒痛苦。也许有人会问，怎么会有这样的人，愿意待在痛苦的漩涡里不出来呢？因为痛苦可以成为他不承担责任、不改变自我、不付出、只索取的最好借口。

没有明确的数据证明单亲家庭的孩子会比完整家庭的孩子出现更多的问题，但是老师的劝说、咨询师的建议、亲朋好友的调和都不足以让小美的妈妈改变自己教育小美的态度。她最有力的理由就是，因为我们是单亲家庭的孩子，和其他孩子不一样。不能如期去开家长会，小美妈妈并没有解释是因为单位的会议非常重要走不开，也没有在事后或者会前和老师沟通，而是说因为我们家是单亲家庭，所以没有人替代我去开家长会，和其他家庭不一样；当小美在妈妈这个单亲家庭的帽子中始终不愿意正常的和同学朋友交流而出现人际交往障碍的时候，她没有去反思自己的问题，而是说因为我们是单亲家庭，所以我们的孩子就应该是和完整家庭不一样的状态，这不是我的教育问题，这是我们的家庭环境的问题，这些都是因为她爸爸抛弃我们造成的；小美中考发挥失常，妈妈去学校想给她分到一个好的班级，给出的理由是我们是单亲家庭，孩子的学习成绩会受到这方面的影响，生活也很不容易，请学校给予照顾。小美妈妈的婚姻早在 5 年前就结束了，5 年的时间没有让这段痛苦的往事结上伤疤，沉进记忆，而是成了小美妈妈做任何事情前都要拿出来的借口——因为单亲，因为离异，所以需要得到照顾，需要同情。妈妈没有把痛苦尘封起来带着孩子阳光独立的生活，而是用痛苦不断制造新的痛苦，让孩子跟着自己痛苦。这痛苦的漩涡能给她带来不上夜班的好处，是孩子出现交往障碍的理由，是丈夫抛弃她也不应该过好的良心枷锁，她能从这些痛苦中受益，所以她不愿意走出痛苦。

小 C 有一段创业失败的经历，当初他凭借一次偶然的机会收获了一笔不小的财富，成为朋友圈里的风云人物，后来因为一次酒后意气答应给一个朋友的公司在经济上做全额担保，结果朋友公司资金链出现问题，他也受到了牵连，豪车没了，别墅卖了，自己的公司也跟着损失惨重。为了维持公司的生存，他开始四处求人借钱、拉客户、抢订单，而曾经这段痛苦的经历成为他最好的借口，标榜自己的意气，抱怨朋友的不守信誉。刚开始因为这个原因，的确有人伸出援手，借钱出力，给他订单，但是他希望早日回本，做的都是恨不得一本万利的投机业务，公司投资管理又接连出现了问题，再次面临崩盘。他不仅没有反思自己最初的财富只是偶然，并不是因为踏实的经营和努力所得，也没有在这个过程中提升自己，找寻适合的项目，踏踏实实地做人做业务，而是依然把所有的过失都推卸给曾经那次失败的痛苦经历。事情已经过去了好几年，再没有人愿意借钱给他。他之所以还一直记得那次痛苦的经历，没有意识到酒后大意的教训，是因为这样可以给他公司经营失败找到一个合适的借口——不是因为自己无德无才，而是因为自己为人所害。

愿意待在痛苦漩涡里不出来的人，主要是不能接受问题是出在自己身上的这个事实，他们会把问题推给别人，推给意外，推给天灾，而不愿意自己去承担。

做心理咨询的人中有一部分有抑郁或者焦虑情绪，我们这里所说的只是情绪，只有专业的精神科医生才可以诊断你有没有焦虑症或者抑郁症。大部分的焦虑和抑郁情绪通过自我觉察和改变都能够获得改善，或者说基本康复。有些人为了这种改善不断地努力和调整自己的心态、认知、行为，去渐渐感受快乐，制造快乐，感受温暖，制造温暖，感受幸福，制造幸福，让自己的心和情绪渐渐变得平和起来。但是也有一些人不愿意调整，当我们通过咨询找到问题之所在的时候，温暖的陪伴对他而言就结束了，即将开启的是痛苦的蜕变，从认知从行为真正自发地改变自己，有的人就停止了咨询，因为继续活在自己抑郁或者焦虑的痛苦情绪中相比要去面对自己的缺点做出改变要容易得多，抱怨比调整要容易得多，让这样的人放下心中的执念，少一点欲望，多一点付出，少一点自我的执著，多一点接纳和包容，那会比要了他的命还难，因为这意味着自己要失去更多，而别人要得到更多：凭什么那个抛弃我的人我不能去恨？凭什么不是我亲生的孩子我要去爱护？凭什么对我时时挑刺的长辈我要去孝顺？对他们而言，让自己付出比索取要难得多。

要跨越痛苦，就要有勇气面对现在和未来，就要有勇气去改变自我，就要有勇气为自己曾经的选择承担责任，没有这些勇气，愿意待在痛苦的漩涡里，是给自己不幸生活的一个最好借口。所以当咨询到了需要用行为和认知来做出调整、从曾经的讲述和挖掘中开始自我反省和落到实处的行动时，有的人选择了退出，因为什么都不做的痛苦更容易获得同情、可怜，更有理由得到关心照顾，更有理由找到现在生活痛苦的原因。因为遇到这么多不公平的人和事，有这么多痛苦的遭遇，所以现在的生活才如此不幸。咨询如果只是用来吐槽，而不是用来蜕变，那么咨询结束后，来访者的生活依然还在痛苦里，如果来访者你愿意待在痛苦的漩涡里，给自己找到一个目前不幸生活的理由，那么这个痛苦的漩涡会把现在和未来的生活都一并卷进去。

有很多表达情绪的词汇，比如快乐、开心、紧张、生气、痛苦、迷茫、羞涩、担心、郁闷等，没有一种情绪可以用好或者坏来定论，因为它的产生必然和某个事物相联系在一起，只要来访者不在任何一种情绪中待太久，生命带来的奇妙除了痛苦，还有其他东西，只是来访者是否有一颗阳光的心去接受跨越痛苦，有勇敢的力量去承担风雨。别让曾经的痛苦成为你博得同情的借口，也别让曾经的痛苦成为你不愿意前行的栅栏，更别让痛苦的漩涡吞噬了你现在和未来所有的生活！愿所有的来访者都能享受生命的奇妙，而不是在痛苦的漩涡中不愿自拔。

人到中年，那些和我们擦肩而过的死亡

01

有个周末身体小恙，因为病发突然，发作的部位又在心脏，一时竟然生出万分恐慌，在医院待了三天进行相关检查，等待各种结果，多出许多忧思。于是询问医生这样发作可会猝死，医生说以后不知道，但是这次应该不会。问及此话的时候，才发现那些感觉到了七老八十才会谈到的死亡随时可来，和性别无关，和年龄无关，和身体之前的好坏无关。

翻阅手机用百度查看病情，一则新闻就跳出来，一个才得了二胎的爸爸在给老大开家长会的时候突然猝死，还不到 40 岁。医院的朋友将我的检查结果看过后，再三嘱咐我，要注意休息，不要劳累，要心情愉快，不要郁结，不是我吓唬你，我们这个年龄，别以为死亡离我们很远，我们医院昨天一个下了夜班的女医生猝死，就是在自家医院都没有抢救过来，才 30 多岁啊。也是同一天，医院送来一个 30 岁左右的男性，当时送来已经昏迷，后来也就这么走了……我曾给一个朋友打电话，他声音低沉，告诉我和他一起到武汉来曾经租房住在一起的兄弟突发疾病就这么走了，年仅

37 岁。一个朋友的同学在手术台上给别人做手术，手术还没有结束，自己就脑出血走了，也才刚过 40 岁……

仅仅是一个星期里发生的事情，却真实存在于我的身边，回头想想，若生命即将结束，还有多少遗憾没有实现？还有多少明明可以做却始终不愿意去做的事情？还有多少原本应该珍惜的人和事，却被其他不重要的东西耽搁了？

02

一家照相馆正在推出“夕阳红”免费婚纱的活动，提供免费的婚纱和化妆，我鼓励正在犹豫的妈妈：“去照，你和爸爸结婚的那个年代哪里有婚纱照，一个女人不管你是 20 岁还是 70 岁，都有让自己美的权力，如果 70 岁的时候你还有机会弥补 20 岁的遗憾，那抓紧时间去吧！”我的老同学对我说他现在很少出去应酬，他要把多的时间留出来做点自己喜欢的事情，每天写点书法，陪陪家人。那些走了半辈子还能深交的人不需要过多的应酬，那些这个年龄还需要杯觥交错才能结交的人又早失去了那份攀附的心。我的一个朋友晚上给我发微信告诉我，他在武汉找到了一份不错的工作，夫妻两个准备请我吃饭以感谢我给他们的帮助。春节后这个朋友就辞去了在外地一份不错的工作，决定结束和他夫人两地分居的生活，哪怕在武汉的工作需要从头开始，他也愿意将更多的时间留给他的夫人，因为这才是他生命中最重要的人。早年的同事来看望我的时候，顺便告诉我他现在已经戒酒，而且拒绝加班，他们单位那个因为加班而趴在桌子上突然心肌梗死的工程师走了就走了，很快就有人来替代他的工作，但是他留下的还没有成年的孩子和没有收入的老婆看起来让人心疼，单位组织了一场捐款，除此以外，没有人能体会他家人的痛苦和伤悲。

世事无常，我们从来不知道惊喜和意外哪个会来得更早，从来不知道生命会以一种什么样的方式开始新的轮回。人到中年，唯有将时间留给那些重要的人、重要的事，唯有对自己多一份善待，少一份欲望！

03

以前我写过情绪和疾病有关的文章，那个时候只是听到看到我的当事人身上发生的事件，而这次却是深刻地发生在自己身上。医生对我说，当你心情好的时候，你的心脏功能在药物的辅助下很快就能恢复。我尝试这么做，尝试着做一些自己喜欢的事情，尝试着和能够给自己温暖和能量的人聊天，尝试着远离那些让自己不开心的人和事，尝试着偷懒休息，我发现医生的建议是有效的。

人到中年，那些抓不住的事就放了吧，拼命追赶也很累；那些三观不合的人就远离吧，他自己都没有改变的心，你又何必费心；那些高高在上的奢侈品买不起就算了吧，最后能带给自己快乐和丰盈的是内心的信念和自身的价值；那些不重要的应酬和聚会就免了吧，多做点自己一直想做还没有来得及做的事情；新的朋友就随缘吧，有时间还是珍惜陪伴你多年、在你难过和需要的时候始终守候着你的朋友们吧！

那天孩子给我发消息让我宽心，我说我还是害怕。他说亏你还学佛，怕什么，生老病死，你怕或者不怕，没有一个是你能逃掉的！那一刻，我觉得我的境界还没有孩子高。人生除了生老病死还有许多我们逃不掉的事情，又何必去逃，只需接受，只需面对，生命就会以另一种方式绽放！

去找有能量的人聊天

01

不知道你有没有过这样的感觉，同样一件事情，你和不同的人说，会带给你完全不同的感受。有的感受让你愉悦，给你力量，予以支持，体会温暖；有的感受让你更痛苦，更烦躁不安，更纠结难眠，隐隐还有那种被脱光了衣服让人嘲笑的后悔感，心中更像堵了一块大石头，回头想想还不如不说。你找了前者，他带给你的是能量，你找对了人；你找了后者，他带给你的是负念，你找错了人。

有一阵子，我遇到一件极其揪心的事情，困惑至极，也想找个人聊聊。身边也有这么几个对整件事情都很清楚的朋友，找他们聊聊是最直接的，无需长篇大论的开场白讲述来龙去脉，可以直接切入主题。其中一个朋友从来不听我把我的感受说完，就开始了按照他思路的滔滔不绝的分析，最后还要很严肃地批评我几句，你这做心理咨询每天和人聊天的人还没有我水平高，我只有忍耐着他的滔滔不绝，然后再也不想说一句，因为我发现我找他说过以后更堵得慌，他甚至觉得做我这个职业的人就不应该有这种困惑，而忘记了我也就是一个普通人。

可是同样的一件事情我对另外一个朋友说，他总是能耐心地把我的情绪听完，在一叶障目后给我描绘了之外的季节，春有百花秋有月，我在飞落的一地鸡毛间柳暗花明。最后他还会说，不是我的功劳，是你心底原就有美好和善念，我只是帮你把乌云拨开了。我们都很忙，偶尔电话一下，他会笑我，怎么能量用完了，又找我来补充正能量了？我会笑着回答是啊！一笑一答间，传递的是对生活美好的期待，那些陈芝麻烂谷子已经随风散去，他继续着他理性的思维，帮助他的企业发展壮大，我继续着我感性的文字，传递温暖和信念，这样的聊天虽普普通通，却在自我成长的道路上用能量彼此支持！

02

有个晚上闺蜜气冲冲地给我打电话："我气死了，我要找你聊聊！"我们只简单地说了十分钟的话，她的怒气就渐渐散去。她说这件事情本来也没这么生气，但是刚才在你之前我给我另外一个朋友打了电话，她把我的梦想好好嘲讽了一番，还说要我接地气，还是和你说话比较舒服，感觉被理解了，感觉既便不接地气的梦想，只要靠自己的努力，说不定真的就会实现，这让我充满了力量和希望！

我也同样感谢她的认可，这样的聊天让人感觉愉快，她获得了帮助，我获得了认可，我们互道晚安挂了电话。我继续我枕边的书稿，也愿意带给人们更多的温暖，她带着甜美的笑容勾勒着她的梦想，开始计划为了梦想一步步努力。我们都很开心，因为我们都从聊天中获得了能量，这种能量让我们能在风雨困顿的人生中积攒百折不挠的力量，也能保有对美好事物的追求和信念。

有个朋友偶尔也会跟我吐槽一下她的先生。她说她已经越来越不想和她的先生说话了，我问她缘由。她说如果是家里麻烦的事情，不知道该怎么办，想和先生商量，结果先生会更不知道怎么办或者干脆不予回应。如果是不好的事情，自己本身就很不开心了，对先生说后，希望能得到安慰或者给予一些建议，他听了会更不好，更愁眉苦脸，也更唉声叹气，让她觉得那份不开心变成了两份；如果是高兴的事情，对先生说了想要分享一下，他会抱着手机眼睛不离屏幕，对她不冷不热地说上一个好字，她顿时觉得那份喜悦减少了一半。后来朋友与她先生终于以分手为结局。朋友说，我有足够的力量让自己过上好的生活，我找一个伴侣只是为了分享生活中的美好，共度生活中的不好，如果每天说话都是负能量负信息，都是没有回应的沉默或者唉声叹气，家里岂不永远阴云密布。后来朋友遇到了她现在的老公，过得很幸福，她说和他聊天能感觉到能量，让她觉得一切都那么美好，即使眼前的不好也是老天给予最好的安排，也能在现在的老公那里获得情感的支持和耐心的倾听。

03

人间百态，生活不易，谁都有烦恼困惑，谁都有艰辛坎坷。

若遇到有能量的人，聊天过后，你会觉得一切的不愉快都不重要，只是塞翁失马；若遇到负能量的人，聊天过后，你会觉得生不逢时，生活苦不堪言。

阴晴圆缺，有人看到遗憾的美好，更加懂得珍惜，有的人只记得失去的痛苦，并将失去进行到底。和对的人说话，和对的人聊天，我们需要的不是同情可怜和悲天悯人，而是能量和信念、理解和温暖，从而更好地活在当下！

是什么触碰了你敏感的神经？

有的人很敏感，一碰就炸，事后解释时的理由是我脾气不好或当时我心情不好，请原谅。仅仅是脾气不好、心情不好吗？当你真正不设防地走进内心的世界，才发现，那些敏感会有不同的原因，当你找到了原因，你的伤口才不会遇到事情就开始发炎疼痛，就开始逆反抗拒。

让你敏感的往往不是正在发生的小事情，而是最后一根稻草。或者是一根无辜的导火索，或者已经积累过多的负面情绪，再或者是未曾处理的情结，真正的原因是你内心不愿意面对的另一个自己。

缺爱的人会敏感。因为缺爱，他们会看不惯大街上搂搂抱抱的年轻男女，会对朋友圈里的恩恩爱爱心生怨气。他们因敏感而变得刻薄，因电视剧里的狗血剧情而愤愤不平，他人的聊天听来会感觉含沙射影。就像一只刺猬随时做好了攻击防备；就像院墙前面竖起的栅栏，警告别人别靠近，靠近就会刺痛。

美国心理治疗师恰克博士说：任何不是爱的行为，都是在呼求爱。

缺爱的人的敏感设防、随时会跃起的愤怒和抱怨、触景生情的伤感和孤独，不是因为他们不需要爱，而是因为他们比普通人更需要爱，更需要一份经过他们考验而存在的爱。这种爱可以披荆斩棘、不畏艰险，可以上刀山、下火海，可以如琼瑶小说一般地老天荒、海枯石烂。他们觉得我发脾气对方应该理解我，我不说话对方应该了解我，我这样做不是我的本意，是因为我相信对方可以懂！

醒醒好吗？如果缺爱的人本身都不愿意付出爱，只是不断索取和要求，又拿什么去获得爱？没有人会穿越千山万水在冰川中前行，只为来到你的身边感受你的冷漠、接受你的敏感，这样的人估计还没爬过来就已经冻死了。人和人之间的相遇是为了温暖和支撑，不是为了冰冷和伤害。

有些人会纠结这样一个问题：我是应该选择一个我爱的人，还是一个爱我的人？我爱的会变，爱我的也会变，世界每天都在改变，又有什么是一定不变的？我爱也好，爱我也罢，都是为了让生活过的美好和快乐，如果你指望生活中的快乐都是伴侣带来的，而自己却没有经营幸福和快乐的能力，那无论你选择哪一种，结果可能都会一样，但如果你的快乐来自于你的内心，懂得爱，付出爱，珍惜爱，就不会纠结于这样的问题，因为你很清楚什么样的人更适合与你比翼双飞！

没有安全感的人会敏感。不管是童年的经历和成长的创伤都会或多或少在心灵留下阴影，《人民的名义》开篇的赵处长用钱来获得安全感，他一分都不敢花，只是为了看着那些钱，像看着田里丰收的庄稼，有安全感。金钱从一定程度上来说可以给人带来安全感，但是却有一个前提，就是通过合法渠道获得才能有安全感，否则还是会噩梦缠身，天网恢恢。

重建安全感的方法来自于内心，外界的力量只是辅助。如果把安全感的建立都放在外部的力量上，人必然会变得敏感、苛刻、多疑、指责，会用不同的手段去索取。而当外部的力量依然不能满足内心的安全感时，人就会变得扭曲畸形。

不管是缺爱还是缺少安全感，都是内心的缺失，这份缺失会降低生活质量，对事敏感，对于自己真实的想法处处设防，还会影响各种关系。

一个非常情绪化、敏感的人是有很多问题的，而敏感的人本身也会更加痛苦，因为他感知痛苦的能力会超过接受快乐的能力，悲秋会伤，寒冬会伤，一碰就伤，一碰就炸。

你付出什么，就得到什么，你敏感什么，那就是越在意什么，你只是不知道用怎样一种方式去得到在意的。当你的灵魂感觉到痛苦的时候，它是来提醒你需要疗愈了，不要等到更加糟糕的时候才想起灵魂对你的提示。

究竟是什么触碰了你敏感的神经，让你的眼睛里看到的是指责抱怨，是灰暗迷茫，是冷漠苛责？是因为缺失爱？是因为没有安全感？还是那些外在的无形压力？而所有的疗愈不是外在的变化，而是内在的自我疗愈！

蜕变，从来都充满了痛苦！

01

有一天，我被一个来访者狠狠地教训了一顿，他说："你是一个不合格的咨询师，一个好的咨询师，是让人舒服的，而不会让人痛苦。"一个案子跟了一年，如果只让咨询者有舒服的感觉，恐怕一辈子也找不到问题的核心，解决不了问题。风平浪静的时候你好我好大家好，懒得去解决，不愿意去面对，问题来了就开始四处寻找帮手，不是从内心去剖析自己的问题，而是去质疑别人的态度不好，没有让人感觉舒服。

那些能够让人舒服的事情从来不是发生在咨询室里面，是刷卡买包、买衣服，是美容院舒服的按摩，是飞机上的头等舱和火车上的商务座，但不是在咨询这个探索和需要用力量去进行蜕变的过程之中。以前听杨凤池老师讲座的时候，他曾经讲过自己的一个经历，这位中央 12 台心理访谈的重量级咨询师人物也被来访者在咨询室里面训斥："我跨越几个城市来找你，是解决孩子的问题，不是解决我的问题，你为什么不解决我孩子的问题，而是要找我的问题，你无能！”

李子勋说过：“你如何宣泄和表达你的情绪是不重要的，重要的是你不能伤害自己，也不能干扰他人。”那些不愿意正视问题，还要将自己的情绪迁怒他人的人，恐怕这辈子问题也不会得到解决。如果仅仅把咨询理解为让人舒服地迎合和听你倾诉，只能说这是过于缺乏对心理咨询能够起到什么样的作用的了解。

02

虽然我一直很自信和尊重自己的职业，但是这样的话还是让我有了一番思考。于是我在接受督导时分享了我的体会，难道是我咨询的方向和方式错了？老师很肯定地对我说，你没有错，心理咨询是一个需要改变的过程，改变的过程是非常痛苦的，哪能都是舒服？唯有改变过后，才会真正释怀和快乐。这次督导，让我再次肯定了自己的职业。

一个人生活幸福，身体健康，恐怕不会想到做心理咨询，只有在生活不顺利，现在的生活和自己期待的生活有差距，但是又找不到核心原因，不知道从何处去下手的时候才会想到来做咨询。比如说夫妻之间是继续还是分开，青春期的孩子更年期的妈妈如何斗智斗勇，情绪障碍影响到了生活，比如焦虑、抑郁、社交恐惧、失眠，等等，才会希望咨询能够解决心中的问题，让神经得以愉悦轻松。

不管是哪一种原因让你有了来咨询的念头和行动，那都是因为你现在的生活出现了一些麻烦，或者是关系，或者是精神状态，或者是身体原因。这都是老天在暗示你之前的生活方式和生活态度有了偏差，需要调整一下。用佛家的话说，当你感觉痛苦的时候，是让你修行的开始。修行是什么，修行就意味着改变。一个习惯吃大鱼大肉、喝酒抽烟的人，当你的肝部和肺部出现了问题，那就需要改变以前的饮食方式，如果还像以前那样生活，估计肝和肺会一起来造反。

一位痊愈的抑郁症患者在康复后曾经对我说过一句话：抑郁是精神上的一次感冒，是老天给你一次审视和重建自己的机会。当你开始了内观，并认真地接受和改变，就走在了康复的路上！

03

我给自己的要求是每个月最少看四本书，两本是专业类的枯燥书籍，两本是修心类的文字书籍，还会记厚厚一沓读书笔记。但即便阅读百书，也从来没有一本书里会说心理咨询是一个会让人舒服的过程。改变，是心理咨询的核心。

我们在电视电影里面看到的往往只是心理咨询的一个片段，很多人误以为唯有在咨询室里才可以安然睡着，倒垃圾一样倾诉一番就舒服了。然而这只是个片段，舒服过后呢，垃圾倒完了，就是一个空心人，空心人的内心并不舒服，所以电视电影只是一个片段，不要因为一个片段就混淆了对咨询的理解和对咨询师的偏差。

通过咨询，那些重新在生活中看到美好、开始停药(精神科的药物)、亲子关系夫妻关系慢慢走向和谐、精神越来越愉悦的人，你随机一问，这个过程舒服吗？

答案是统一的，不舒服。凤凰涅槃，浴火重生，蜕变从来都不是舒服的，需要在黑暗中摸索，在孤独中穿行，在沼泽中一步步艰难地爬出来。在一点点尝试的过程中找到让自己舒服的生活方式和观念，从而去修正以前种种。古人说江山易改，本性难移，一个必须要移除本性才能完成蜕变的过程比打下一个江山都难，何来舒服？英国著名焦虑症专家克莱尔·威克斯在《精神焦虑症的自救》一书中写道，工作、信念和勇气是治疗神经症的法宝。改变意味着要用自己内在的力量去重建一个自己。

04

来访者若希望生活得到改变、关系得到改善、精神类的疾病能够康复，那就从改变自己开始，当你能够正视自己的问题并开始改变，你就走上了康复的道路，剩下的就是时间！

心理咨询师这个职业并不是每个人都能理解，我也从不奢望每个人能理解，特别是不那么愉快的时候，我也有过对前行的困惑。但是总有痊愈者、关系改善者对我们表示感谢，他们开始了正常的生活，学会了自我思索，并且能够感知快乐和美好的时候，我还是会有坚持的快乐和信念，依然会陪伴来访者的隧道时光，等待来访者用另一个自己唤醒内心的力量！

咨询，从来不会让人一直舒服，因为蜕变，从来都充满了痛苦！

不是所有的付出，都有回报

01

曾经很长一段时间内我都很和大多数人一样，觉得只要努力了付出了就一定会有回报，后来在红尘中翻滚久了才知道，非也，你的付出和他人的回报之间，没有半毛钱的关系。

抑郁从哪里来，焦虑从哪里来，都是付出了希望能够有回报中来，而且还希望这份回报最好能和自己的付出等价，这样内心就平衡了，如果得到的不是这样一个结果，就开始不舒服、不平衡，于是抑郁就来了，它告诉你，人间的痛苦无非如此，你付出了全部，不但没有收获，反而还变成了失败者，或者还有误解诋毁；于是焦虑就来了，它告诉你，人间的烦恼无非如此，你付出了所有，却总不是你期待的那个样子，你期待更好一点，更完美一点，结果总是差那么一点点……

02

我在单位上班的时候，每年总有一两个公费学习进修的指标，学习不仅是单位出钱，还发工资，而且学成归来还可以涨工资、提职务，学习的学校是国内知名的一类院校，这样的好处总是人人打破脑袋要去挤的。按照规定，只有工作努力、做事踏实，选修专业和自己工作专业对口的员工才有机会获得进修指标，如果报名人数超过了指标人数，就要经过考核筛选出最后人选。有人为了这个免费进修的指标在很长一段时间内工作兢兢业业，任劳任怨，加班加点，可是最后指标总会落在有后台背景的同事身上。

你是想骂人，还是想辞职？再或者去某个上级机关喊上几句冤枉不公——我付出了这么多，怎么指标就不能给我？那恐怕你不但没有了指标，还没有了这份工作。

像《我的前半生》中罗子君这样的女人，在现实生活中大把存在。以为付出青春年轻爱情信任和作为女人可以为这个家付出的一切过后，老公负责赚钱养家，你负责貌美如花，但现实是，当你还在貌美如花的时候，老公就已经开了小差。你会发现，有一天，你的老公有了新欢，只是因为她比你多一份工作技能，和她在工作上合作起来更有默契和快乐，有欣赏和喜欢。而他在外面打拼的世界，你完全不懂。你赖以生存的全部——老公孩子婚姻家庭，并没有以你期望的样子给你回报，你不但没有得到，反而失去了更多。失去了自己赚钱的本领，失去了工作的职场，失去了自己。或者有一天，你老公还可能会对你说上一句：我和你都是有孩子的人，为什么我可以赚钱，你却不能！而因为我会赚钱，我比你更有资格拥有孩子的抚养权。

你难道能对他说，十月怀胎，哺乳喂养，含辛茹苦，家里洗衣做饭，收拾整理，孩子生病住院，家里照顾老人，哪一样不是女人日积月累的付出？你指望这样的付出能换来什么？感激、感谢、同情还是因为责任而对这个家对女人的维系？这样的婚姻似乎少了点什么。

当孩子一天天长大，家长会抱怨，那个小时候听话的小朋友到哪里去了？现在这个孩子会跟我顶嘴，会吵架，会反抗，秘密都和其他人分享，却不愿意和妈妈好好讲话，为什么？因为从小到大，妈妈的饭烧得好吃，妈妈是烧饭的，其他的妈妈好像都不会，我和你说什么，我说的你都不懂，你只会做饭，一句话把妈妈多少年的牺牲全部打回了原形——早知道孩子越长大越不听话，小时候就不应该生出来，付出了这么多，最后却换来这样一个小冤家？妈妈并不只是会烧饭，妈妈还会很多东西。

喜欢隔壁的那个男生，所以打听他喜欢吃什么，有什么兴趣爱好，喜欢什么颜色的衣服，上下班会经过哪条路，于是很辛苦地去做他喜欢吃的饭菜，去培养和他一样的兴趣爱好，找到共同的话题，会偷偷藏起自己喜欢的蓝色长裙，换上他喜欢的粉色蕾丝，会偶尔经过他上下班的路上，期待来一次邂逅，这样的恋爱谈得实在是辛苦，似乎总是一个人在付出，男生只是在享受这一切，而女孩子只要心情不好，稍有怠慢，本指望男生来安慰温暖，可男生却消失得无影无踪，约着人去网吧打几把游戏，或者去喝上几杯，唯独忘记了还有这个等待的女生，还能继续吗？女生终于选择了分手。

没有必要，付出越多，得到越少，越有怨气，时间越长怨气越重，连自己都丢了，唯有两个人共同的付出和珍惜才值得拥有。既然付出没有回报，那就留一些给自己吧，女生重新穿上了蓝色的长裙，摇曳在黄昏下班的路上。相信终有一天，她会收获属于自己的玫瑰。

03

不是所有的付出都有回报。如果你在付出的时候就是期待回报的，可能最终失望失落还是你自己。付出而不求回报是一个很高的境界，能够做到的人很少。

那就请你在付出的时候掂量掂量，如果这样的付出没有回报是否值得，是否还愿意去付出？就好像有人找你借钱，你要借的时候就要想好这笔钱可能回不来了，有这样的承受能力再借，如果没有，那还是不要借的好，因为借钱的时候是朋友，还钱的时候可能就是仇人了。

别为他人付出太多，留一些给自己。陪孩子上培优的时候，是不是能就近给自己报上一个喜欢的培训班来提升自己，让自己随时有回归职场的能力；给老公购置新装的时候，也不要忘记收拾自己；要生老二的时候考虑一下自己能否在照顾两个孩子的空隙中保留自己的空间，除了是妈妈、老婆，还是一个独立的女人；结婚了别忘记维系与几个可以互相支撑相互鼓励的闺蜜好友的关系，不要因为孩子老公疏远了这份友情，有时候友情比爱情长久。

除了生死，这个世界还有许多的不公平，所以不是所有的付出都有回报，若付不起，就留下来都给自己，若决定付出，就不去考虑回报，如此才是欢喜，而不是烦恼！

原生家庭带给我们什么？

01

在咨询过程中，来访者会跟我开玩笑，你是算命先生吗？我说，当然不是。她又问，那你怎么能说得这么准？其实，是因为成长环境和原生态家庭在来访者身上打上了烙印，不管如何掩饰都依然存在，如影随形。这些影响有好的，有坏的。如果你幸福快乐、健康乐观，那么要感谢你的原生家庭，它铸就了你今天的心态和信念；如果你痛苦压抑、焦虑不安，那么也要感谢你的原生家庭，它让你在成长的过程中拥有了一次重建的机会，重建自我、重建信念、重建认知，只是你是否有面对的勇气和改变的力量？

02

以下的现象指大众情况，而不是指个案和典型：一个不爱体育运动的男孩，他的背后可能有一个位置缺失的爸爸，或者他是一个跟随妈妈长大的单亲家庭的孩子；一个不爱回家、有着离家出走冲动的孩子，他的背后可能会有一个缺爱或者是一个爱太多让他感觉窒息的家庭；一个有着极强厌学情绪的孩子，他的背后可能是无法正常沟通的家庭，他说的没人听，父母说的他不想听；一个情绪容易失控的女孩，她的背后可能是一个缺乏安全感的家庭，或者是一对没办法控制自己情绪的父母。

原生家庭的影响像烙印一样深深地刻在孩子的身上和心灵上，随着年龄增大，阅历增加，不断成长，烙印会不知不觉地出现在他日常行为处理事情的思维模式中。

在父母婚姻不幸福的家庭中长大的孩子，男孩子可能会对未来的婚姻有恐惧，女孩子可能更容易被所谓的爱吸引，而更早接触异性。来访者小曼说，我小的时候看见我父母吵架打架，我就想以后我如果结婚了，我一定要幸福，不能像他们那样。在这种渴望中，她长大了，带着一定要幸福的标准，她结婚了，然而她并没有幸福。她说，因为我不喜欢父母，但是长大了，不知不觉，我却变成了他们。这样的例子太多太多，有些家长开始觉悟，他们自我修炼，不断努力，陪着孩子一起成长，希望给孩子带来宽广的视野、积极的态度、豁达的胸怀。等自己年迈之时，可以享受与孩子一起的天伦之乐，而不是为孩子的现状担忧焦虑。

今天的父母是昨天的孩子，今天的孩子是明天的父母，所以孩子是父母的镜子，我们带给孩子的，终有一天孩子会以同样的方式还给我们。

03

原生家庭还会带给我们什么？是健全的人格。要做一个健康的人，一方面来自于身体，另一方面来自于心灵，当越来越多的科学实践证实人身体的健康和精神状态、心态有着密不可分的关系时，在变幻莫测的世界中，在形形色色的人群中，拥有健全的人格非常重要，它是一个人成长的基石，是未来幸福健康生活的基础，如果没有一个健全的人格，任何一点风吹草动都可能摧毁你的人生。

性格的养成：那些能够通过来访者的情况就能推断出家庭背景和情况的咨询师们，不是因为看过算命的书籍或有什么相面之术，而是人性格的养成和家庭有很大的关系。和性格温和的家长生活，孩子的情绪不太容易冲动，和焦虑易怒的家长生活，孩子要么焦虑易怒，要么胆小怯懦；和重视信誉、言而有信的家长生活，孩子会看重承诺，遵守秩序；和撒谎、喜欢占便宜的家长生活，孩子也会有类似的习惯。所以性格决定命运，性格从哪里来，就会让你往哪里去。

思维模式：在平淡的生活中，我很难去判断一个人的思维是积极还是消极的，只有遇到事情的时候才会看出来。遇到事情，用积极的方式去处理的家庭走出来的人，可能都会是积极的处理问题的方式，而遇到事情只会躲避或者推卸责任的家庭走出来的人，可能也都会是消极的处理问题的方式。

人际关系：在和人的交往中，懂得礼尚往来、知恩图报的家庭走出来的人多半会带着一颗感恩的心去对待他人，真诚交友，不计得失；在和人的交往中，更看重自己利益和斤斤计较的家庭走出来的人多半也是如此。“情商”一词更多是指一个人为人处世的态度和作风，情商高的人之所以总会有贵人相助，是因为他们不拘小节，更能真诚对人，家庭是他们的导向和依靠。

没有算命一说，只是你的家庭造就了你的性格，铺垫了你的命运，你的性格又同样传承给下一代。所谓改命，就是改变性格，思维模式，与人交往过程中处理事情的态度和方式，命运的轨迹就会悄悄地发生改变，或好或坏，或幸福或痛苦，都在你的一念之间。

04

当来访者从原生态家庭中了解了自己的成长轨迹，也就了解了自己的命运走向。现代心理学更多的是在了解成长历程以后，不再去挖掘曾经的伤痛，而是用积极的行为作为每天的功课，重建新的思维方式，过上自己想过的生活，不管是大人还是孩子，都会根据自己的性格特点开启属于自己的人生轨迹。

若想长成一棵大树，就要具备深埋于土壤的根基；若想开成一朵绚烂的小花，就要具备靓丽的色泽；若想在工科有所成就，就要具备超强的逻辑思维；若想在文科有所造诣，那就要具备敏锐的感知；若想疗愈原生态家庭曾经带来的伤，就先要对伤口进行处理，才能将创伤最小化，随着时间不受感染地愈合；若想延续原生态家庭带来的力量和温暖，就要保持这种力量和温暖的能量，从而代代相处。有因有果，这就是人生的轨迹！

我说的是实话，你为什么不高兴？

01

陈先生说，当初和老婆结婚的时候，两个人就约定家中事情要坦诚，不要有所隐瞒，所以但凡老婆问的事情，他都会选择说实话，可是一天天过下来，他发现说实话也会让老婆不开心，他茫然了，不知道以后该说实话，还是说谎话。

张同学说，从小开始，父母就教育他要做一个诚实的好孩子，所以但凡父母想要了解的信息，他也会如实相告，后来他发现即便说的都是实话，父母还是会不高兴，难道说实话也有错？

妈妈或者婆婆来帮媳妇或者女儿带孩子，一家人同住在一个屋檐下，难免有磕磕碰碰，老人家觉得自己性格直爽，有什么就说什么，不藏着不掖着，觉得这样一家人才可以良好地沟通，生活久了，发现实话不但没有营造良好的家庭氛围，反而制造了无数的家庭矛盾，那些鸡毛蒜皮的小事真是让人苦不堪言。

02

我说的都是实话，为什么你还是会不高兴？

1. 实话和期待之间的期望值有差距。张同学的成绩一直都不错，父母给予的也是鼓励支持，孩子的数学一直是短板，平均分的成绩总是因为数学分数提不上去，所以家长花高价请了一对一的老师来进行辅导，但是孩子的数学成绩还是不稳定，一会儿高一会儿低，父母拿着孩子的考试卷和孩子一起找原因，孩子很直接地说，爸爸妈妈，我不喜欢数学，所以我对它没有兴趣，我觉得学起来很吃力。分数高是因为辅导老师提前给我做了试卷有些题目蒙上了，我觉得低的分数那个才是我的正常水平。

孩子的话，是实话，但是和父母之间有期待值的差距，所以这样的实话，得到的结果是不高兴。降低期望值，是我们对待说实话的孩子保持心静如水的好办法。

2. 说实话的时机不对。婆婆带着孙子和媳妇在小区院子里乘凉，有邻居抱着差不多大的孩子过来聊天，闲聊中问起孩子是否还在吃奶。婆婆大着嗓门就说我家媳妇为了保养身材出了月子就不喂奶了，可怜了我家娃只能喝牛奶，牛奶又都是买进口的，一个月要千把块，贵着呢，媳妇在一边听着这颇为隐私的实话，憋着怒气，转身回家了。牵扯到个人或者家庭隐私的实话，即便他人问起，也要选择合适的机会考虑如何回答。

3. 说实话的态度不好。陈先生的工作很忙，经常加班出差，对于家里的事情顾及甚少，平时没什么事情老婆也是理解的。但是一旦遇到孩子生病、老人生病这种突发状况，老婆忙不过来就自然想陈先生早点结束出差，回来帮忙。电话中，陈先生也会说实话，我这边实在走不开，总不能辞了工作回去照顾孩子和你爸吧，你克服克服，自己想想办法，语言简短清楚，说完就挂了电话，事后忙得也没了踪迹，一两天后再回电话过来，老婆直接就提出离婚，在老公认为自己还在外面辛辛苦苦为家里赚钱时，家庭大战就拉开序幕。女人往往接受不了的不是发生的事情本身，而是事情发生后老公所表现出来的不闻不问事不关己的冷漠态度。

4. 尖酸刻薄的实话，让人无法高兴。生活中总有一些人打着说实话的幌子，不管场合，不分时间说出利如刀剑的话语，再好的心情都被这样的实话破坏掉了。一群朋友去个小餐馆吃饭，如果其中有个只会说尖酸刻薄实话的人，那估计这样好好的聚会就会被搅黄了。说好的是小餐馆，环境自然就会差一点，娇滴滴一声这凳子怎么没有靠背啊，洗手间还这么脏，这碗好像都没洗干净……大家不都说好了 AA 吗，至于要到这样一个小餐馆来吃饭吗？最后提议，我们换到对面那家大餐馆去吧，要是有谁付不起吃饭的费用，我可以帮他出。朋友中的确有经济条件不是很好的，选择这家餐馆，一个是交通便利，另外这家菜的味道不错，物美价廉，凳子的确没有靠背，是小方凳，洗手间清理得不够卫生，空间狭小，但是这样的实话，让人很不舒服。价格公道、老板热情、菜味道可口，这些好的都被眼前不好的东西忽略掉了，只剩下尖酸刻薄的挑剔。这种尖酸刻薄倒人胃口的实话，还是不说为妙，免得引起公愤！

5. 挖人伤疤的实话，让人无法高兴。小万和小洋是从小一起长大的朋友，不仅仅是同学，后来还成为同事，两个人对于彼此的前尘过往都非常熟悉。小万生活幸福，家庭美满，小洋情路坎坷，年过30还未嫁人。也许正是因为在情感上无所寄托，所以小洋将全部精力投入工作，成为了小万的领导。小万因为朋友所托找到小洋办事，因为违反工作条例，小洋没有答应，小万立刻翻脸对小洋说，你前男友和你分手的时候，就说你做人太教条、刻板，缺乏生活情趣，和他家人相处不会变通，现在看来他说得一点没错，所以你到30多岁还没有嫁出去。一番挖人伤疤的实话，任凭后面小万再去道歉，小洋也不接受，朋友之情从此了断。口不择言不是可以原谅的理由，特别是在达不到自己目的前提下挖人伤疤。

03

想要在世态炎凉的现实社会中感受幸福、创造快乐，想要在变幻莫测、世事无常中达到内心的从容和宁静，情商比智商重要。说实话，也要讲究方式方法，才不至于弄巧成拙。

1. 你可以表达愤怒，但不要愤怒地表达。对于一件事情，你当然可以表达你真实的意见和看法，但是要消化掉自己的不良情绪后温和的表达。

2. 说实话的时候，要考虑到周围的环境。牵扯到个人隐私创伤或过往不愿意被人提及的经历，这样的事情，即便有人问起，可以考虑说和不说。假如说，要顾及周围的环境，假如不说，也可以告诉对方，你虽然知道，但是这些事情由你说出来恐怕不太好，可以直接去向当事人了解。

3. 对于越亲近的人，过于直观的实话需要有情感的铺垫。比如那个不能及时赶回家帮助妻子照顾家中老人孩子的陈先生，可以在不能回家这个实话过后多一些甜言蜜语，表示自己对妻子的信任和心疼，或在上厕所、喝水的碎片时间里给妻子发信息，问下情况，并且给妻子一些正面和鼓励的话语，那么相信最后得到的不是离婚，而是妻子努力承担，照顾好家里，让丈夫免去后顾之忧，在外好好赚钱工作。

4. 说实话的态度和口气要温和。有的人说的话是实话，但不是提前说出来，而是像逼供一样逼出来的，抑或带着强烈的情绪色彩说出来，或者歇斯底里、大喊大叫，或者趾高气扬、指手画脚，或者七拐八弯、推卸责任，这样的实话说出来，谁听了都不会高兴。

5. 说话的时候顾及对方的情绪。如果所说的事情会对对方有伤害，比如临时发生的意外，或者某个不好的极端事件，这个时候考虑一下听者此时的情绪状况，神经脆弱、抗挫折能力差的人在面临突发事件时，受到刺激后反应会很强烈，需要更多的温暖和支持陪伴作为实话过后的支撑，否则听到话的人可能会陷入不良情绪中难以自拔，造成不好的后果。就比如老师管理上课玩手机的孩子时说的都是实话，孩子玩手机会影响学业，而且不应该带到学校课堂来玩，老师当着全班人没收了手机，孩子接着就出去跳楼，结束了生命。

04

我们在生活中看到的有些人，对待外人说话口气温和礼貌，而对待自己的亲人，或者说越亲近的人就越难听，伤害越重。对外人有表扬肯定，对亲人只有苛求和指责。如果说的不好，实话也会伤人，但这并不能成为你说谎话或者拒绝说话的理由，因为我们都可以学着好好说话。

生活难免一地鸡毛，那就让我们将这些做成一个漂亮的鸡毛掸子，扫去心灵的尘埃，活得宁静而自在！

抑郁离我们有多远？

从1992年开始，每年的10月10日是由世界精神卫生组织制定的精神卫生日。从2000年开始，中国会在这一天组织精神卫生活动。2017年世界精神卫生日的主题是：共享健康资源，共建和谐家庭。根据2017年2月份世界卫生组织公布的数据，全球有超过3亿人是抑郁症患者，约占全球人口的4.3%，而就在2005—2015年，这个数字增加了18.4%，至今这个数字还在继续增加，预计到了2020年，抑郁症将成为仅次于心血管病的第二大疾病，而这还只统计了一部分人的数据。

抑郁究竟离我们有多远？一个业内人士曾经有过一个惊人的形容，人这一辈子，每4个人当中就有1个人曾经和抑郁相遇。有的只是短暂停留，事情过了，情绪过了，环境改变了慢慢就恢复了，但是也有的可能需要一辈子和抑郁在一起。所以当你身边如果有人得了抑郁症，千万别去嘲笑他，因为说不定哪一天，抑郁也会来敲你的门。睡眠障碍、情绪频繁波动，还有经过医院多次检查却找不出原因的亚健康问题，比如头晕胃痛、回避交往逃避问题、感觉不到生活乐趣等，背后真正的原因可能都是抑郁。只是因为很多人觉得这是一种精神病，所以不愿就医，还有一些人对于抑郁一无所知，认为这是想不开，只要想开了就好了。曾经有个30多左右的男性，耳鸣许久，吃过一些药做过一些治疗不见好转，后来吃了抗抑郁的药莫名其妙好了。还有一个长期失眠的中年女性，吃4片安定都无法入睡，在情绪得到舒缓接受心理治疗开始，睡眠情况就开始好转。

抑郁究竟离我们有多远？现在抑郁已经越来越低龄化的出现，因为抑郁焦虑出现问题的孩子已经越来越多，而更多的家长并不重视，认为孩子只是为了给自己不想学习找借口。我问过几个已经成年的当事人，问起他们最早出现这种症状是什么时候，他们说是上学的时候，而那个时候没有人当回事。抑郁出现的范围也越来越广泛，压力大的孩子、独处的孤寡老人，还有40岁左右的女性和一些成功人士都是高发群体。

抑郁究竟离我们有多远？抑郁产生的源头除了遗传和生理性格因素以外，更多的还产生于我们平常普通的生活中，如长期冷暴力的环境、生活事件的挫折和打击、突发状况的出现等。所以抑郁随时随地都可能出现，而家庭环境对情绪有着至关重要的作用，高压的教育、冰冷的夫妻关系、孤独寂寞独处的老人和疲惫无趣的工作，都给抑郁以生长的温床。

抑郁应如何治疗？抑郁是精神上的感冒，治疗需要药物加上自身的修复，不仅仅用药物驱走病痛，还要提高自身的免疫能力来抵御它的复发。可先心理治疗，找到症结所在，温暖的家庭环境、爱人的陪伴、适当地放松减压、调整思维方式和建立有规律的生活习惯，都可以让抑郁慢慢远离。

先去了解它，然后面对它，找到和它相处的办法，最后把方法变成切实的行为，每天坚持，然后等待。这一切需要勇气需要信念。

每一种精神上的痛苦都是为了提醒人们：你需要换一种方式生活或者思考。健康的生活才有和谐的家庭，和谐的家庭才有健康的生活。这也是我一直呼吁的，少一点伤害，多一点温暖，少一点指责，多一点赞扬，少一点思而不动，多一点积极行动，少一点纠结，多一点勇气。多看到当下的拥有，珍惜眼前的时光，远离负能量的垃圾，靠近黑暗中的阳光！

谁还没有个焦虑的时候？

每次快到重大考试，而我家孩子又对考试寄予厚望的时候，他就会焦虑，在家赖着不想去学校，几天几夜都睡不好觉，不管你对他说什么，都是一点就炸，不想吃饭，不想做事，否定一切美好的事物，甚至连游戏都不想玩，只是烦躁地产生一大堆连环的负面效益。

他焦虑的时候，我也会焦虑，只是我学会了如何调整和宣泄。母子相连的不仅仅是心，还有情绪。这么多年，我一直在与焦虑打交道，不仅有理论的常识，还有自身的尝试，更有许多个同伴的亲身故事，所以它来了就来了，去了就去了，人这一生，谁还没有焦虑的时候？

也许有这种焦虑反应的不仅仅是我家孩子一个，学校开家长会之前专门组织了将近一个小时有关考试焦虑的讲座，至少让孩子们知道焦虑的人不止他一个，不要过分担心。了解焦虑不仅仅有负面的影响，还会有正面的激励。

这一辈子谁还没有个焦虑的时候？特别是有了孩子以后，每个妈妈都昂首阔步地走进了高焦虑的队伍中。孩子小的时候，一场高烧就足以让妈妈焦虑几天睡不好吃不下；长大了，家长群里老师的一次点名就足以让妈妈焦虑不安；考试成绩一公布，妈妈们更是要焦虑很长一段时间。我曾经在周围的人群和咨询的家长中做过一个简单的调查，平时你最怕接到谁的电话，90%以上的妈妈会说老师的，一看见老师的电话，血压升高心脏加速，手也会发抖，脑子里就开始预想电话内容的无数种可能，焦虑不知不觉就来了。

成为妈妈以后，我也义无反顾地加入了焦虑的队伍，孩子病了会焦虑，孩子不上幼儿园会焦虑，孩子不想上学会焦虑，孩子犯了错误会焦虑，我也是那90%最怕接老师电话的家长之一。更何况，我这个从小身体不好又超级有个性的孩子，出现的状况往往比其他孩子要多，我曾经开玩笑地对他历任班主任说，我选择学校的标准就是离家近，我能在距离学校2公里之内随时等待你们的电话，随叫随到，然后送他去医院或者接他回家。

所以每当有带着焦虑的父母来找我咨询的时候这样问我："李老师，你知道吗？我很焦虑，很焦虑啊，你能理解吗？"我不仅能理解，我还有深刻的体会，哪个做了父母的人不在高焦虑的人群中呢？

我的一个朋友常年心脏不适，几乎每个月去做一次心电图，最后医生说你心脏本身没有问题，是因为你太焦虑了。她说孩子要高考了，我比他还紧张。一堵车就爆粗口，见到谁都像有股无名火，那些熬着夜不睡觉，或者睡不着的失眠人群，不都是中了焦虑这种毒吗？现在社会，似乎人人都中了焦虑的毒，只是中毒的时间不一样，有解吗？有解！

第一，焦虑的时候不要做决定，也不要强迫自己做任何事情，先睡觉。你担心睡不着是吧，去锻炼去运动去做家务，身体累了，自然就能睡着。科学研究证明，没有哪一个人会因为失眠而死，这是我最长一次失眠7天后去看医生的时候医生对我说的话，我因此受到了积极的心理暗示，当天回来就美美睡了一觉。从那以后，但凡有个睡不好睡不着的情况，就不管它，过几天自然就好了。

第二，焦虑的人都对自己或者对他人有较高的要求。完美主义倾向，多少有的。要强，肯定是有的。好面子，也是有的，这个是性格上的特点。而且还容易着急上火，有一点喜欢控制的欲望。所以要改变性格。很难是吧，当你被焦虑这种毒折磨得生不如死的时候，你自然就会去改变了。如何改变呢？

1. 放低要求：对自己对他人都放低要求，首先，接受自己就是一个普通人。普通人是什么，是会生病、会变老、会烦躁，会遭遇他人的伤害，会不被他人所接受，会有写不出文字的时候，会辛辛苦苦几年的心血遭遇退稿，会有一天看着满屏幕的招聘信息，发现自己什么都不能干，会人家只需要看几遍就能记住的东西，你可能需要一两月甚至更长的时间。其次，接受自己的孩子也是个普通人。他会犯错，会考砸，会和你对抗吵架，会偷懒不想去学校，会在外面惹事，会偷偷看一些你禁止的书，会在你不知道的时候打游戏，会永远离学霸很远。放低要求，不等于没有要求，而是在适当的适合的范围之下放宽一些尺度，这样焦虑才不会生根发芽。

2. 减少欲望：东家的房子是别墅，西家的车子过百万，南家的孩子总是第一名，北家的夫妻总是那么和谐美好，某某亲戚总是步步高升，某某朋友总是财源滚滚，而我总像缺了点什么。水满则溢，月满则亏，人生本来就有许多不完美不完整，减少欲望，就会减少焦虑。

3. 别太在意他人的说法：之前每次我备课的时候都会尽可能做到十全十美，但后来发现观念总会有人反对，但也总会有人支持。张德芬在讲课中说，每次课程一结束，会有人给她留言，你讲得真好，很受用，但是也有人会给她留言，你讲得这是什么东西，一点用都没有。是是非非，悠悠众口，我们只能做好自己，花若盛开，蝴蝶自来，来的就是和你相投的人，走的就是和你分歧的人，所以不必去讨好和在意每一个人，而只要在意自己的心，不要你的良心有一天蹦出来指责你，让你寝食难安，而应让自己觉得从容淡定，无愧于心。

第三，放慢脚步，亲近自然。人生这条路，你走快或者走慢都是一个从生到死的过程，既然起点和终点一样，不如放慢一点脚步，多一点自然的随意，少一点尘世的纷争，有些事争不来，有些人求不来，如此，焦虑也不会来。

焦虑这种毒会传染，所以别让焦虑成为家庭中的病毒传染源，当你意识到病毒到来的时候，需要杀毒，杜绝传染源，让阳光进来。孩子的焦虑一定会影响家长，家长的焦虑也会影响孩子。孩子是未成年人，所以父母的伟大之处这个时候就要体现出来，当你感知到孩子焦虑的时候，你一定也会焦虑，但是千万别让孩子感受到你的焦虑，否则他会更加焦虑。所以我们要为焦虑找一个出口，让他有可去的地方。

人这一生，谁还没有个焦虑的时候，当人们对未知事物充满了期待又充满了担心时；当人们觉得对事情无法掌控，又希望事情能和我们步调一致时；当人们因为临时突发的状况扰乱了原本的计划；当人们发现那个一天天长大的孩子再也不像小时候那么听话时；当人们被城市的车水马龙每天堵在上班或者下班路上时……焦虑就会来。

而它只是来提醒我们，你需要换一种思维的方式来考虑问题，你需要放慢一点生活的节奏来改变自我！如此，这毒才能解。

第三篇
自我成长

——除了妻子、女儿、母亲，你还是自己！

人生是一个不断出现问题和解决问题的过程，没有一劳永逸的办法，没有一成不变的法则，应对世事无常的方法唯有不断尝试、学习和成长。走着走着，我们会发现，除了自己，我们谁也改变不了，走着走着，我们会发现，激情似火的恋爱抵不过平淡如水的婚姻，走着走着，我们会发现，人生从不完美。

所以接受那些无法改变的，远离那些无法改变的，而不管是接受还是远离，都能保持从容和宁静，都能放下怨怼和仇恨，没有不甘心，没有凭什么，没有一条路走到黑的执念，能欣赏四季风光，能领略三餐美味，能睡好，能欢笑，平和宁静，从容应对，优雅老去，恭喜你，在自我成长的道路上你完成了蜕变！

敞开是一种生命能量

来访者预约了咨询的时间，却放了我鸽子；有的人在电话里犹豫地询问，在略有些尴尬的对话中挂断了电话；有的人通过朋友介绍辗转来到我这里，临近见面却发来消息：不好意思，我还没有想好。这样的爽约并不少见，因为他还没有准备好将心灵的门敞开。

秋水是通过朋友介绍来进行咨询的，我到现在都记得刚开始进行网络咨询的时候，她总会在电话里绕东绕西地说上一大堆不着边际的话题，再自我解嘲地笑笑，然后就是长时间的沉默，或说上一句预热的话，又赶紧把自己收了回去，我每次都耐心地在她杂乱的语言背后找到她的真实意思，引导她慢慢说出她想说的。

刚开始的时候，我们进行得很艰难，因为她只要发现自己说出自己想说的话，就会立刻找理由结束咨询，或者就不再往下面说了，再或者就会转移话题。我从来不会去揭穿她，因为我知道，她需要足够的信任、足够的安全、足够的了解、足够的时间，才能真正在我面前敞开心扉。

不知道从什么时候开始，大概是她在持续咨询一年后，她的咨询电话越来越少有这样的开场，而是直接开始表达她的意思，甚至她会跟我提前预约一个时间，然后在说好的时间电话接通的一瞬间开始使劲地哭，她不再有那些需要掩饰的话语和伪装出来的快乐，而是直接告诉我她知道自己的问题是什么，她今天需要我帮助的是什么，她此刻的情绪是什么。

她在我身上看到了信任温暖和鼓励，我在她身上看到了努力坚持和不懈。她终于敞开了自己，当家庭关系出现了问题，当亲密关系不知道如何继续，当工作压力无所适从，她选择了敞开，找到自己的问题所在，然后去接受面对，改变迎接成长。每次听到她说那句谢谢，听到挂电话时她变得轻松的语气，我就会很感动，感谢她的信任，感动她的敞开！

有的人也同样知道自己的问题所在，同样知道存在的问题给目前的生活带来了困惑，但是从不愿意敞开，因为敞开就意味着要去面对和接受改变，这需要何等的勇气和魄力啊。我有一个男性来访者，那是一个很有才情的男人，刚开始的时候他很自然地说出自己的问题所在，而这种困扰已经严重影响到他的生活，他希望我能够帮助他。他说他求助过很多人，但是他相信我身上有这样一种力量能够帮助他。这样直接快速的敞开让我觉得身上的责任很重，也更加不敢辜负这种信任。于是我们一同来找问题分析问题，以及解决问题的途径和方法，这所有的一切都达成了共识。接着他就不来了，因为所有的改变都需要付出努力，这个努力有时候会很艰难，甚至还会有来自内心的冲突。于是再来的时候，他会有两种情况，一种是不说话，当他不想说话的时候，你能感受到他的冷漠、抗拒、防备和戒心，那个时候他的心是关上的，我们没有什么可以交流，他不需要任何帮助。另一种是不停地说话，说东说西，但是不说该说的话，他的笑容充满了伪装和掩饰，他的心依然是关上的，因为他拒绝改变，他觉得改变太难，所以他不愿意敞开。

敞开是一种生命的能量，只有你勇于敞开那些困扰你的问题，并且去接受，找到合适的应对办法，它才能促进你的成长，拯救你的生活，否则那些问题会周而复始，一次次卷土重来。如果你只做一只埋头于沙子中的鸵鸟，拒绝敞开，那些问题就会在你的心里深根发芽，即便你脸上挂着灿烂的笑容，即便你现在的生活看似锦缎一样光鲜照人，那些埋在心灵深处的种子一样会在生活的某一时刻摧毁你的所有。而能拯救这一切的只有你自己，唯有你愿意敞开心灵，让阳光真正的走进心灵，那份笑容才是真实发自内心的美好感受！

敞开，是一种生命的能量，也是一种能够面对困境的勇气和力量。

感情大战中，谁又是真正的赢家？

在咨询中，婚姻咨询是比较复杂的一种，因为它不是单一个体的努力，而是两个成年人共同的努力。成年人的改变比孩子的改变要难得多，而两个人的共同改变也要比一个人的改变难得多。

在伤痛等级的分类中，离婚的伤痛是仅次于死亡排在第二的，特别是对于女性而言，程度更高。正因为这个原因，所以我曾经对自己说，来访者如果遇到婚姻中的问题，我要帮助他们，请他们再去努力一次。如果随着个案的推进发现的确没有挽回的必要，我会建议在离婚的时候用一种伤害最小、最能够达到平衡的方式，这样无论对自己还是对孩子，都会将伤害尽可能地降低到最小。

情绪是一个奇妙的东西，它好的时候能让人身心健康、快乐愉悦，能提高工作效率、美容养颜甚至能够吃好喝好睡好带来好的生活，就好像墨菲定律一样，让你的事业家庭一切的一切都越来越好起来。它不好的时候，什么都不好，工作不顺，家庭不和，诸事不宁，而生活似乎也就越来越不好起来。稳定的愉悦的家庭关系是带给我们稳定情绪的重要核心部分。

我的一个同学擅长婚姻关系中的家庭治疗，在他手上成就了很多个家庭，从看着千疮百孔到渐渐和睦融洽，虽然这个过程很漫长，虽然这个过程会反复也很艰辛，当结束最后一次咨询的家庭携手而去时，他会在自己的记录本上画上一个符号，然后开心地给自己放几天假。他请我们吃饭的时候会说，看了这么多家庭，做了这么多婚姻个案，在感情大战中，每个人都是输家，不管是老公老婆，还是小三小四，连带的孩子老人，都是输家，都是连坐的受伤者。每一次感情大战的掀开就是一场旷日持久的大战，身体、经济、事业、朋友都会受到很大的影响，这辈子遇到一次就足以让人用很长时间吸取教训、愈合伤口。所以他总是会告诫我们，不要拿感情开玩笑，不要轻易开始，更不要轻易结束，因为这种伤痛会影响很多东西，会影响很多年。感情越简单越纯洁，生活才会越幸福越美满，事业才会兴旺发达。

一段因为爱结合的婚姻是正确的开始，但要一直走下去，依靠的不仅仅是爱，而是责任和没有忘记的初心，还需要不断经营创造。那些在感情中反反复复、跳来跳去的人最后都不会有好的结局，让我们保持一颗干净的心，在婚姻的世界中，少些伤害，多些温暖。因为感情大战中，没有赢家，只有输家，你闹得越狠，输的就越多。你折腾得越多，失去的就越多。

婚与不婚

01

收到同学要大婚的电子邀请函时，我着实惊讶了一阵。他是圈里公认的高富帅，轰轰烈烈的爱情也谈过几场，每一段听上去都那么像琼瑶小说的翻版，每一场的女主角都是绝对的白富美，每一场都在关键的时刻戛然而止。我常常猜想，他这辈子是不是就不婚了，然而却这么意外地接到了请柬！

而更加意外的是，最终将这孙猴子收到手掌心的女主角，既没有倾国倾城的美貌，也没有绝代芳华的气质，连年龄上都没有任何优势，人过中年，听闻比我这帅哥同学还年长几岁，我那同学一贯自由洒脱，更没有什么奉子成婚、父母威胁、女方逼迫的外在原因，就是这么简单地婚了！

结婚有时候是一件多么艰难的事情，穿越千山万水，在爱恨情仇间挣扎纠葛，在现实与浪漫间选择犹豫，似乎有那么多问题需要考虑斟酌，门当户对、房子车子、工作学历，除了三观要合适，我们还要关心一下家族有没有遗传病史……于是我们在婚姻的门槛前犹豫徘徊，因为实在耗不起这青春渐少的情感消耗，而错过那个牵手多年的恋人，于是我们会在父母的意见面前低头，会在现实的炎凉中选择逃避。有的走进咨询室的当事人会这样跟我说，面对结婚，我没有惊喜，只有害怕和恐惧，还有惊慌失措和无所适从。

结婚有时候又是一件多么简单的事情，在人群中我看见了你，你看见了我，一见钟情，闪婚而至；结婚仅仅因为两情相悦，心心相印，没有那么多物质的计算，没有那么多利益的抗衡；或者那是双方父母定下的娃娃亲，到了那个岁数，你未娶我未嫁，于是我们就名正言顺地走到一起，简单地去兑现一个与父母的合约。

02

感情是最微妙的，可以瞬息万变。想要结婚的时候，可以有无数个理由，也不在于对方是谁，只是因为那一刻那一个时间那一个偶然，就拥有了结婚的念头。于是我们将所有的浪漫都注入婚礼的仪式，然后将所有的现实都投入生活。跌跌撞撞间有的人学会了如何做一个丈夫一个妻子，从而印证了婚礼的祝福，百年好合，家庭幸福。也有的人走着走着就忘记了来时的路，违背了最初的心，最后落得劳燕分飞，人财两空。分分合合间有的人了解了自己真正想要的是什么，勇敢面对，彼此成全，和平协议，将不再联系变成最好的祝福，从此去追随心中所想！

该来的总会来，该走的总会走，会留下的不用刻意去抓也是属于你的，留不住的劳心费力终是流沙。有时候最后能结婚的不是你当初最爱的，有时候性格不合的却平平淡淡走到了最后；有时候优秀的人却结合不出优秀的婚姻，有时候世人眼中的好人却是婚姻中的恶人，让人大跌眼镜。

不想结婚的时候，我们有无数个理由。自由的生活要被另一个人限制，就像一双翱翔的老鹰折断了羽翼；一个人的财产本是个人所有，却要与人莫名其妙的共享；害怕做了母亲就变成了无所不能的奥特曼和无所不能的不要钱的保姆，连做梦购物和属于自己的时间都没有了。我还是爱你的，可是我无法给你婚姻，因为我无法承担家庭那么多琐碎的责任；我还是想和你在一起的，但是我不希望我的财产背后都有你的署名；我现在对你不错，但我真的不知道我能坚持多久……最复杂的永远是人心。

03

红色的喜庆，白色的圣洁，钻石的璀璨，玫瑰的芬芳，都是我们对婚姻的向往和期许。我们应该珍惜这个愿意牺牲自由，愿意与你此时相伴的人，不管是什么样的理由让你们走在一起，当从选择彼此的那个时刻开始，以后的日子还需经营和善待，还需朝向阳光的地方开出美丽的花！

花开的地方，就有我们的祝福，愿那朵最美的花一直种在你的心间！

做你自己，即使单身

我接触过很多优秀的女人，有自己的事业，有不错的容颜，有独立的经济实力，有善良的品行，唯独欠缺一个优秀的伴侣。

单身的女人分为两种，一种是没有结过婚的，她们一直在这条路上寻寻觅觅，不是因为挑剔，而是她们一直没有遇到让自己心动、各方面条件又吻合的另一半，所以她们依然年年岁岁寻寻觅觅，个人的优秀似乎无法抵挡这样的遗憾，所有的节假日都会让她们平添了一份伤感。有的因为接受不了这个现状，就草草地抓个人嫁了，如同赌博，有的赢了，有的输了。有的不愿意屈就自己，依然单着，在每个春节的时候接受着家里各种亲戚的审问，心中的苦楚着实难受。

还有一种是结过婚，因为这样那样的原因变回单身，或者离异或者另一半早早离开。她们多半会有孩子为伴，生活少了一份孤单，却多了一份辛劳，对婚姻有期待也有恐惧，更怕受伤，也更小心翼翼。再婚对她们而言需要极度的勇气和信任。所以在平平淡淡中日子也就这么如水一样流过，有的再次嫁了，幸福快乐，两个重组的家庭更加懂得珍惜；有的再次嫁了，问题重重，更多了一份磨难和落寞。一个人的孤独不是孤独，那是一种享受，两个人的孤独才是孤独，那是一种心灵的煎熬。

我记得我刚刚参加工作的那年，单位有个女同事，年方30还未嫁人，那单位男多女少，女性都像宝贝一样抢手，但是她偏偏就一直单身，大家有事没事也总拿她出来开玩笑，只觉得她的性格变得格外怪异，大家总觉得老了未嫁多半都是有点怪的，而她就在这样的“怪异”中等到了她要找的那个人，结婚后她变了一个人，那种怪异变成了温柔，以往刻薄的话语变成了温暖的问候。有时候单着，是因为月老给的缘分还没有到，还需要多一点点的耐心。

有结婚意向的女性们，单身不是你的错，或许是缘分没到，或者是命中注定，那就在单身的日子里好好爱自己，修身养性，陪陪父母，交往几个值得交往的朋友，看几本好书，不要因为单身来惩罚自己。人生是一场旅行，遇见了那个人我们好好珍惜，彼此善待，还没有遇见那个人时，我们修炼自我，善待自己，因为单身不是你的错。

读书的时候老师给我们讲过这样一个笑话，他说甲乙两个学生都在课堂上睡着了，而且睡觉的姿势都一样，都是用书遮住自己的脸，用手托着腮睡着了。老师偏爱甲生，于是一脸笑容的对同学们说：同学们，你们看，甲同学多么热爱学习，睡觉的时候还不忘记看书。转头看见乙同学，不禁心生厌恶，这个学生平时就不讨人喜欢，于是气不打一处来，对班上同学说：同学们，你们看乙同学真是不争气啊，看着书都能睡着觉！故事讲到这里全班哄堂大笑，老师用最后的一句话经典概括：不管你做什么，哪怕是同样的事情，喜欢你的人看到的是你的优点，他给你赞美，不喜欢你的人看到的是缺点，他给你斥责。

一个朋友出生高贵，书香门第，从小到大都受人宠爱，衣食无忧，更是琴棋书画样样精通，她理想的生活方式就是周游世界，摄像写稿。她带着这样的理想找到了和她兴趣契合的先生，两个人两情相悦，先生说就喜欢她这样的超凡脱俗、与世无争。于是两个人结合在一起，并开始为了这样的理想去努力奋斗。当现实摧毁了理想，当感情褪去了颜色，女人还是那个女人，只是女人的超凡脱俗、与世无争就变成了男人眼中的不切实际、白日做梦。柴米油盐、奶粉尿布，就变成了为了实现理想不能跨越的障碍。女人为了维系婚姻，不得不做出改变，那一双弹得钢琴、拨得古筝、涂得丹青，写得书法的手变成了洗碗机、洗衣机、做饭机、买菜机。当初的梦想折折叠叠锁在了衣柜里，有一天夫妻争吵，男人说你看你，还是当初那个你吗？我喜欢的是当初那个诗情画意的你，不是现在这个家庭主妇，女人瞠目结舌，早知今日，不如单身！

我认识一个小朋友，在现代生活中真实的上演了一部灰姑娘与白马王子的故事。当初几乎没有人看好这个故事，那个女生却在这样的家庭中受到礼遇，连她那出生普通的家人也和她一样受到礼遇尊重和爱护。这段婚姻十年了，没有变差，反而更好，再见她的时候依然和小时候一样任性贪玩调皮，而且满世界飞翔，做着自己喜欢的事业，和不同的人打交道，展现自己无限的魅力。我说你这样跑来跑去，颜值这么高，老公可放心、你又可放心老公？她说当然放心，也是他支持我做我自己，做我自己想做的事情，而有一天，我选择不做了，只会是一个理由，那就是我累了，否则他会一直支持我继续做下去。十年了，她居然比年轻时候更好看，更有了女人的味道，因为她一直是她自己。

现在社会可以变化的东西太多了，出门可以不用现金，转账可以不去银行，买东西可以不去超市商场。所有的变化我们始料未及，而应对所有变化的方法就是做你自己。特别在感情的世界里，为什么要改变自己去委曲求全一段婚姻，最后放弃了自己的梦想？为什么要改变自己去求得公婆的喜欢，她不喜欢就是不喜欢，只要尽到自己的本分就可以了，一定要愚公移山般填补你们中间的代沟吗？为什么喜欢穿白色的裙子却因为老公不喜欢就一定要换上黑色的长裤？为什么贪念提拉米苏的味道却非要为了他爱上苞米糊糊？你委屈、哭得的稀里哗啦，他却不一定领情。若有感情，那将是心灵的交融、平等的尊重和两个人用坚定的双手一起面对风雨。感情是一种并肩而行的姿态，何必为了讨好谁而忘记了自己的本色，何必用欺骗和伤害忘记来时的路，任何一种选择都有利弊得失，都有要付出的代价，只是看看哪个更是你心中想要的而已。做你自己，即使单身，保持自己的风格，有自己的事业，你可以，只要你坚持做你自己！

过一份不比较的人生

人生很多的烦恼来自于比较，有这个还想要那个，有那个又想要这个，似乎总是忘记了自己拥有的、看到的都是自己没有的，比来比去，除了多了烦恼，少了平和，又还能比出什么呢？

人生没有十全十美，有点缺憾是必然的，谁又敢说自己这辈子完美无缺？天有阴晴，月有圆缺，本就是自然规律，对于自然规律，我们只能坦然接受，这样才能多一份快乐，多一份知足。

许多情绪有困扰、心理有障碍的人，除了一些病理上的因素，更多的来源于比较。张三的年终奖为什么比我高，他和我在一个科室，做一样的工作，一样的学历，也不见得他比我就好到哪里去了，为什么他的年终奖比我高？李四为什么就能升职，他和我一起进的公司，上次那个项目还是我们一起合作完成，他的项目计划书还是我帮他修改，可为什么升职的是他，不是我？为什么呢？也许除了你能够看到张三、李四的表面和你一样，或者还有些不如你的地方让你如此不服气，但是你没有看到这些的背后，他们是不是比你更专业，他们是不是人际关系比你处理得更好，如果连这也没有，那么就坦然接受吧，否则比来比去，你输掉的不仅仅是工作上的机会，还有自己平和的心情和健康的身体，得不偿失。

比完了工作，还要比比孩子。他们家为什么生了两个就儿女双全，我们家怎么就不行。这不是自己给自己添堵吗？这个生不生、生儿生女的事情从来都是老天爷说了算，你比这个，不是天天找不开心吗？有了孩子，有带孩子的辛苦和养育孩子的压力，但是也有带孩子的快乐。没有孩子，有没有孩子的自由，也有没有孩子的落寞，所有的事情都有它的两面性。还有他们家孩子怎么学习成绩那么好，他们家孩子怎么就能考入重点？有学习好的就有学习不好的，有身体好的就有身体不好的，有人有体育专长，就有人有音乐专长，人无完人，只要自己的孩子努力了、尽心了，引导他做一个健康积极、乐观向上的孩子，你就完成了家长的职责，剩下的比较不来。

说完子女，再说说感情，有小三会和老婆比较：你人老珠黄，我年轻貌美。可岁月对谁都是公平的，谁没有昨天的年轻貌美，谁没有明天的人老珠黄？你有你的沉鱼落雁，我有我的闭月羞花；你有你的小家碧玉，我有我的大家闺秀；你有你的八面玲珑，我有我的安静淑华，谁又比谁更好，谁又比谁更差，无非是相识相守的一场缘分，我到的时候可能是正好的时间，其他的或者太早或者太晚而已，何必比较？

若是想要比较，可比的东西太多，他的车是 B 系列，我的车是 C 系列，不管 B 还是 C，堵在路上的时候都一样，谁也不比谁多出一双会飞的翅膀；他家住的是别墅，我家住的小二室，别墅里面也会有争吵，经济适用房里面也会有欢笑；他的年薪是我的好几倍，那你心里不服气的时候可看到他付出的努力也是你的好几倍？你睡觉喝茶打麻将的时候，他可能还在加班加班再加班。

不比较，是因为看到自己拥有的，才有知足常乐的快乐，不要拿自己的短去比别人的长处，给自己心中添堵，也不要拿自己的长处去比别人的短处，谁家还没有点闹心的事，今儿你比了，明儿会不会就落到你的头上？不比较，珍惜今天拥有的一切，享受今天拥有的一切，这一切才会越来越好，如果总看不到自己拥有的，而去比较那些没有的，可能连现在拥有的都一起丢失了，那内心只会更加不平衡。

过一份不比较的人生，才有怡然自得的快乐，享受当下的满足，随遇而安的豁达。

最不好的时光，才最好

有人问我，你写的文字是心灵鸡汤吗？我不知道何为鸡汤，我的文字不是鸡汤，只是一种温度，一种让你在任何时候能感觉到温暖的文字，你可以选择不努力，你也可以选择不做好人，但是只要你觉得快乐，而且不会对他人造成伤害，快乐和温暖才是我想要传达的意义！

说到写字，我从不当它是工作，而是心情，是爱好。所以没有写字欲望的时候我可以很多天一个字都不写，但是当有感觉的时候，我可以一天写上一万字甚至更多，因为我不想为写字而写字。

我儿子小的时候，身体很不好，我曾经带着他多次求医，各路辗转，甚至我带他到每一个城市旅行，第一件事情就是了解最好的医院是不是离我们比较近，儿科在几楼，我曾经以为这是最不好的时光，可是有一天等这一切都经历过了，回头去看，才发现十年的光阴，让我修炼成了半个儿科医生，我对儿科一些常用的药物倒背如流，经常会有朋友孩子生病了打电话来问我如何处理，家里常备何药？偶尔再去儿科复查看病的时候，那些从陌生到熟悉的儿科主任们常常是给我开了绿灯，他们那些即使提前一个月都难以挂上的号，看见我们母子去了，总是给予加号，及时看病。有病人发出质疑，主任会说，他们母子在我这看了十年的病，一直到现在，你们要是在我这儿看十年，我也给你们加号。那样的时光，回头看去，不知道怎么度过的，但是就这样度过了，学到了知识，收获了交情。

很久之前，单位临时发生变动，关闭了国内数家办公场所，包括我所在的公司，那是一段无助的时光，没有合适的工作，没有稳定的经济来源，我烦躁焦虑抑郁失眠，甚至对自己没有了信心和勇气。但是那样的日子却给我大把的空闲，让我可以看书，那是我这辈子看书最多的一段时光，让我开始接触佛学，让我学习从小的时候就一直梦想学习的古筝。当我重新找到自己的平台，安抚了自己的心灵，我感激那段让我觉得最不好的时光，因为它让我看了很多想看却一直没有时间看的书籍，让我能弹几首好的古筝乐曲，让我学会随缘自在的智慧，让我完成了自己 20 多万字的小说，让我认识了很多新的朋友，他们给了我很多帮助和启示，从而减少了心底的欲望，适应更加简单的生活。

一个朋友单身多年，一直没有找到合适的男朋友，很久没有联系的她有一天突然在 QQ 上找我聊天，我才知道她结婚还生了孩子。她说当时觉得单身的时光那么百无聊赖，自己总是在女友中扮演电灯泡一样的角色，每天都在盼望早点结束这段时间，如今自己成家了，结婚了，每天琐碎缠身自己再也不能随心所欲的时候，才开始怀念单身的时光，原来那是一段多么自由自在、随意快乐的时光啊。我听着她的诉述，慢慢地回答她，珍惜你现在的时光吧，因为或许有一天你觉得现在的琐碎也是一种幸福！

我的闺蜜是一个事业型女强人，飞来飞去，对奢侈品有着极强的热爱，也因此有超强赚钱的能力，我很少能见到她，偶尔接到她的电话也是听她一阵吐槽，然后又我行我素去了。生育孩子的那两年是她最不能容忍的时光，因为不能飞翔，不能穿好看的衣服，要承担着孩子的吃喝拉撒，穿再名贵的衣服都会被糟蹋，那是她觉得最不好的时光，直到孩子断奶后，她义无反顾回到职场，如今孩子去国外读书，她也人过中年，偶尔听她说起孩子和她不是很亲近，总是有很多的遗憾：想想也就是他小的时候我陪了他一两年，剩下的时间我好像都很少抱过他。她反而很怀念孩子小的时候她抱着他在自己怀里吃喝拉撒。

你觉得最不好的时光，经历过后，可能觉得那是最好的时光，所以当我们遇到很难的处境，坚持一下，只要过去了，它就是你的财富，在我每次觉得自己撑不过去的时候，我常常会对自己说，坚持下去吧，不坚持，又怎么知道老天明天会给你带来怎样的惊喜呢？

什么都想要，最后什么都得不到

有人不断跳槽，招聘简历上每一段工作都维持不了两年的时间，你问他原因，他总会发现那么多不满意不合适，他期望的工作有双休，有假期，不加班没压力，工资高福利好，离家近环境优……只是这样条件的工作只怕真的很难找，而且即便真的有这样各方面条件都符合的工作，他又凭什么能够坐到这个位置上呢？所以他不断跳槽，不断抱怨，却始终找不到自己满意的工作。

有人不断换女友、换老婆，一个不满意再换另一个，一段婚姻不舒服结束了重新再来，结果发现，怎么女人都是一个样，唠叨啰唆，有要求也有不满。因为他期望的婚姻没有责任的承担，没有家庭的束缚，没有经济的烦恼，没有孩子的奶粉尿布，没有感情的简单忠诚，只有享受舒适，只有自由自在。想法是美好的，只是这样的婚姻估计仙女下凡也难做到，而且即便真的有这样的女人，她什么都能做，什么都会做，而且对你没有任何要求和抱怨，她优秀得可以和仙女媲美，你又凭什么来留住家有仙妻呢？

有人不断抱怨生活，这也不满那也不满。开 30 多万的车子想着别人开的 100 多万的车子，觉得自己不平衡。自己的房子不大不小也有几居室，到别人家里一看洋房别墅，立马脸都黑了下来，为什么我就没有？自己的孩子考上了普通高中，再看别人的孩子直接上了重点，回头就觉得自己孩子不争气；人家平步青云，什么都有，我怎么啥事都不如意，他眼睛里看到的永远是自己没有的东西，而自己拥有的东西就这样被自己一点点忽略掉了，到最后连拥有的东西也没有了。其实哪个风光的背后没有泪水和汗水，台上一分钟，台下十年功，家家有本难念的经，有什么可比，有什么可抱怨？自己把自己过好，享受自己那一份福泽和拥有就够了。

一个什么都想要的人，往往最后什么都要不到。你想养育孩子，就要付出艰辛，你想要陪着她成长，可能真的有几年就是保姆一样的生活，你如果每天抱怨，不仅仅孩子带不好，只怕你也成了怨妇；你想要事业有成，你就要付出常人没有的努力，可能会忽视家庭，可能会透支健康，不可能有天上掉馅饼的事情，你若相信天上会掉馅饼，只怕饼子没吃着，你还要赔上一个饼；你想要舒适安逸，就要耐得住寂寞，在繁华中守的一生宁静，少折腾少受折磨；你想要金戈铁马，就要受得了压力，经得起得失，承得起变故，失败和成功有时候在一夜之间真的可以发生颠覆。

你若不想出去赚钱看老板的脸色，那就要低眉顺眼看老公的脸色；你若不想婆媳不和，家宅不宁，就要忍耐婆婆和你可能会在带孩子家庭琐事上面有些意见不合，你若忍不了，就自己带孩子；你若习惯了天马行空，自由自在，不喜欢责任和束缚，就不要选择成家结婚，没有哪个人的心能承受背叛；你若喜欢平淡简单的生活，就要收敛对物质的欲望；你若习惯了名牌奢侈品装点，那就要让自己修炼出能够赚钱的本领……

总有取舍，总有得失，总有轻重，那些什么都想要的人，恐怕要的只是抱怨和失落，要的是永远的不满和失去健康。要能要的，那些要不到的，不能要的，就放下吧，随缘吧，这样才能快乐简单。那些发自内心的快乐是多少钱都买不到的，而那些什么都想要的，最后什么都要不到！

相看两不厌

秋天到了，天气转冷，一夜之间裙衫就进了柜，外套就上了身。小区的地面也在秋风过后满地金黄，阴晦的天气让这一地落叶有了说不清楚的伤感。

突然就看见一楼的邻居奶奶扶着爹爹缓缓地从门洞走了出来，两个人紧紧地牵着手颤巍巍的一步一行。爹爹已经快80岁了，早些年因为脑出血生活不能自理，在邻居奶奶的照顾下慢慢能下床，只要天气好的时候就能看见爹爹一个人拄着拐杖在院里挪动着脚步学习走路，一步一停，坚持不断。冬天午后有煦暖的阳光，就会看见爹爹在玻璃门后的躺椅上睡着，邻居奶奶在一边戴着老花镜给他念报纸。因为他们住一楼，所有来来往往的人总会被眼前这一幕感动。

之前有段时间没有看见邻居奶奶，再见到她的时候是在门口的药店，她在那里量血压、测血糖。我问怎么最近没看见她。她说前段时间因为突发心脏病被送进了医院，在ICU住了十几天，医院连着下了几次病危通知书，儿子女儿都从外地赶了回来。她说我当时迷迷糊糊地就在想，我这要是走了，孩子们都在外地，爹爹怎么办，就没人管了，我可不能走在爹爹前面啊，我心里就一直这么想，结果阎王爷就真的没有收我！

我抢快几步走到了邻居奶奶前面，帮他们拉开了小区的铁门，撑着等他们慢慢走过来。爹爹和奶奶走得很慢，两双已经都是皱纹颜色暗淡的手紧紧握着。在秋风中这样的画面让我一阵哽咽，我想拍下这个画面，但是考虑到个人隐私，我没有去拿手机，还是撑着门静静地等着他们走过来，这个时候来来往往也有人进出，大家都给这对老人让出了一条路。邻居奶奶看着我说谢谢你啊，我说不用，你们这是要去哪里啊，她说我带爹爹去理发，就在小区门口。

邻居奶奶也 70 多岁的人了，头发花白，满脸风霜，胖胖的身材没有任何体型和美好可讲，爹爹也只能点个头挪动着脚步表示感谢，他只能表达简单的词语，就像一个刚刚学会说话的孩子。我目送他们走出小区。

李白曾经写过一首诗：众鸟高飞尽，孤云独去闲，相看两不厌，只有敬亭山。每个人都是孤独的个体，所以能够遇到一个谈得来、聊得来、懂得来的人陪伴一生是多么难能可贵的事情，否则满腔情愫何处寄托？

不管是做咨询，还是朋友之间聊天，我最怕别人问我遇到了感情纠葛该如何处理，或者问我如何辨别一个人是真心还是假意，一个人的爱能持续多久。早些年可能还会长篇大论的说上一番，如今看得多了，见得多了，反而不能说、不敢说了。

说什么呢？说婚姻不是人生的全部，要顺其自然，总会有让你心动的人吗？对方会问：那是不是就是说我现在已经 30 了，遇到的这个人条件还不错，只是我对他没感觉，我是嫁或者不嫁？我没有答案，因为婚姻不是男女关系的结束，而是一对男女关系真正的开始。

说什么呢？说发现另一半有外遇了，夜不归宿，言辞冷漠，但是要包容要理解吗？对方会问：这样一个男人还能包容，他的行为我实在无法忍受，你是站着说话不腰疼，我这次要是原谅了，他下次再犯怎么办？我也不能回答，因为我也不知道他下次会不会再犯。

说什么呢？说当初的卿卿我我、缠缠绵绵，在人民币面前，在一天一涨的楼价面前，在柴米油盐的琐碎之间，在婆媳关系的处理之间，在面对孩子不同的教育理念之间，怎么会和当初在一起的时候完全不一样了呢？这样还有什么意思？还不如一个人过！这个问题我还是不能回答。

当初的爱或许是真的，我的眼中只有你。现在的厌或许也是真的，我可以和所有人交心谈心就是不想和你说话。当初想结婚也是真的，许给你一生一世的幸福，现在想离婚也是真的，因为一切都变了模样。所以有人问我，什么是爱？那么多关于爱的定义，在此时在此刻，我发现我回答不了。每个人对爱的定义不同，对爱的做法不同，所以每个人得到的结局也不同。

我从来没有听到过我的父母说爱，但是年轻的时候不管爸爸脾气多么不好，妈妈总是会去包容，年龄大的时候，妈妈生病住进了 ICU，爸爸一定会把我们赶走，自己陪着妈妈，每天守在 ICU 门外，直到她度过危险期。他们彼此包容支撑，前些天妈妈还对我说，他们要好好活着，等着过金婚。风雨陪伴的 50 年，爱早已经融入血脉亲情。又该如何定义？

前些天在执子之手的学习课堂上每个同学要说一句关于婚姻的感触，我依然还是那句，最好的爱是陪伴，不管你是青春年少如花少女，还是白发苍苍病体缠身，我陪着你，走过人生四季。

一个同学也说，最好的婚姻是久处不厌。

当你厌倦了，困惑了，迷茫了，不需要问任何人，安静地问问自己的心，珍珠因砂砾风霜雨雪而来，钻石因结晶千锤百炼而来。一段经不起任何风雨波折的感情，那不是爱；一段承担不起任何责任和挫折的感情，那也不是爱；随着岁月会不断变迁的感情，那也不是爱；一段不交流、不沟通的感情，那更不是爱，那只是口头上的一个关于爱的、没有分量的承诺而已。

乍见之欢不如相处不厌，四季轮回风霜更替勿忘当初相遇时的美好。

婚姻是一辈子的承诺

周末有幸在毕业十年以后再次聆听当初导师的讲课，两天的课程受益匪浅，在离婚率越来越高的今天，当婚姻中的亲密关系出现了问题而不知如何处理，忘记初心，两个人变得越来越疏离的困扰中，有多少人开始焦虑抑郁，而婚姻中良好的亲密关系可以带给人健康快乐，和一种无坚不摧的力量，可以雨再大，记得回家！

结婚，你准备好了吗？我听到小 A 故事的时候她已经结婚了，而且已经是一个半岁孩子的母亲，她向我的朋友吐糟婚姻的种种烦恼，结婚以后幸福指数和快乐指数只有下降，没有上涨。朋友问她，当初你为什么要结婚呢？她不假思索地回答，大龄剩女了，好不容易找到一个各方面条件都适合结婚的男性，那就结了。结果发现老公和她的想法几乎一样。婚是结了，但是两个人在一个屋檐下却几乎没有交集，她过她的，他过他的，有了宝宝也要小 A 照顾。结婚不仅仅失去了自由，自己没有人照顾，还要多照顾一个宝宝，最要命的是再也不能在商场买自己喜欢的包包，那种想买就刷卡的感觉再也不能了，因为要养宝宝！朋友问她，那当初你爱他吗？或者他爱你吗？小 A 说，爱？谈不上吧，就是彼此的条件都适合结婚而已，那么大了再不结婚，心理上有压力。不到两年的婚姻里，小 A 已经有了无数次想离婚的念头。一个没有爱为基础的婚姻加上一个没有责任感的男人，有离婚的念头一点不奇怪！

结婚，你准备好了吗？是因为面前的这个人让你喜欢、让你欣赏，你们有共同的兴趣爱好，你们可以接受双方背后的家庭，你们可以融入彼此的生活圈子，如果不是完全 OK，那么你是否做好了包容接纳的心态，彼此忠诚的信念和一颗责任心？结婚，你准备好了吗？是因为前任也结婚了，所以你不甘示弱要找个人结婚？是因为父母给你的压力太大，急于逃离有一个属于自己的空间？是因为外界逼婚的压力让你接受不了，所以结婚？还是结婚了你可以少奋斗十年？究竟是哪一种让你淡定地走进婚姻的呢？

女人在结婚前骄傲得像个公主，在结婚后能干得像个女汉子，没有十足的安全感和冲昏头脑的勇气，哪个女人敢踏进婚姻？因为在婚姻中女人比男人付出更多。

如何面对婚姻冲突？再幸福的伴侣也会有矛盾和争吵，也会有过离婚的念头。但之所以他们能够白头到老，是因为他们能够有效地处理婚姻中的冲突，而将冲突化解为婚姻的调味剂。所谓小吵怡情，大吵伤情，而无效婚姻是因为冲突的解决方式只会将婚姻关系推入危机之中，造成更大的伤害和痛苦。我曾经听过这样一个故事，太太知道先生有了外遇，因为她发现先生的衣服领带都不是自己买的，而先生自己绝对不会去买这些。她并没有责怪先生，而是请先生参加了她自己举办的生日宴会，在宴会上邀请了一些亲朋好友参加，亲自制作了一个 MV，记录了她和先生一路走来的历程，最后对自己的先生表示感谢，希望先生送给她的生日礼物就是将当时求婚的誓词再说一遍，相亲相爱，不离不弃，一生相随！先生落泪了，回去以后很快处理完外面的问题，回到了家中，对家有了更多的责任和热爱。这个说故事的人是当时参加生日宴会的一位嘉宾，十年过去了，这样的一幕依然触动着她的心。

有人问，是不是婚姻发生冲突后的解决方式一定是要继续婚姻呢？当婚姻出现冲突的时候，双方可以去反思改变，而且愿意为这段婚姻继续付出努力，那么这样的婚姻是值得延续的，因为有幸福的期待。而当婚姻出现冲突时，双方或者其中一方都固执地坚守在自己的观念和行为中，没有任何的改变和妥协，那么这样的婚姻早一点结束或许并不是坏事，唯有改变才有幸福，唯有不断经营才能收获幸福。而婚姻就是让人不断地成长，成长需要双方不断地学习和改变。

只是不管解决什么样的冲突，双方都必须把伤害降低到最小，因为彼此都还有很长的路要走。

影响婚姻质量和观念的原因有以下两个：

原因一：原生家庭对人们的婚恋观是有影响的，父母是第一任老师，有时候父母所说的门当户对，以貌取人不是完全没有道理。而现在的家庭也会是下一代的原生家庭，父母的婚恋观也会继续影响孩子。在亲子关系的咨询中，我常常会发现，只要是在有婚姻创伤的家庭中长大的孩子，都会对婚姻有着莫名的害怕和恐惧，有更多的担心与焦虑。

原因二：婚姻中双方的反思能力很重要。在第一段婚姻中出现的问题，如果当事人不反思不改变，在第二段婚姻中还会出现，甚至在以后的婚姻中还会继续出现，就仿佛进入了一个怪圈，无法自拔。

自我成长和双方共同成长的区别在于，双方携手共同成长的婚姻会让婚姻幸福指数很高，给人以希望、力量和快乐，能够焕发出对生活的热爱，对自我的提升和高质量的生活品质。而单方面成长的亲密关系，最后只能在越来越大的距离悬殊中渐行渐远，违背初衷。有责任心，彼此包容的婚姻关系才是持久的。

当然，如果将所有的幸福都赌在一场婚姻上，我想能赢的人很少。所以一个没有温暖、在家暴中不断挣扎的婚姻，一个固守自己观念不断给对方带来伤害行为的婚姻犹如股票止损早一点结束，真的不是坏事！

婚姻是一辈子的承诺，是彼此的欣赏、包容、责任、担当，不要轻易开始，也不要轻言结束。你是否还记得求婚时说过的话，你是否还记得结婚时你许下的承诺？一个丈夫对妻子说过这样一句话：每一次我们吵架，妥协的人一定是我，不是因为我错你对，也不是因为我赞成你的做法，更不是因为我不会生气，而是因为我爱你，我不忍心看你生气而已！

婚姻是什么？是从彼此相爱开始，不断地经营和付出，是春夏秋冬、酸甜苦辣，是不离不弃地共同成长！是在柴米油盐一地鸡毛间未曾改变的初心。

我对凑合没有兴趣

朋友来看我的时候，很平静地对我说，她向老公提出了离婚，我很惊讶她的决定：惊讶其一是因为年龄，一个人到中年的女人做出这样一个决定是下了多大的决心；惊讶其二是因为她的老公在我们这帮朋友眼里还算是一个不错的男人。有时我们去她家里做客，老公会主动下厨，我们这帮朋友有什么需要帮忙的，她老公也是彬彬有礼，有求必应；惊讶其三是孩子刚刚去上了大学，正好开始二人的甜蜜世界，怎么就这么决然地提出离婚呢？

我张嘴想劝，她止住了我："别劝，最近已经很多人劝过我了，你知道劝得最多的一句话是什么吗？"我摇头，她说："你都这个岁数了，年龄一大把了，孩子也这么大了，凑合着过吧！中国人的婚姻90%都是凑合的。"我笑了，说："我没想这么劝，我只想问问你离婚的理由是什么，以我对你的了解，那些小三事件，那些经济纠纷，在你身上都无足轻重。"她说："我不想和一个每天睡在同一张床上却不说话，只是背脊相向的人过后半生。那些生活的趣事，那些工作的烦恼，那些憧憬的美好不能和枕边人分享，这样的婚姻还有什么意思？"

她说："之前的话题是因为孩子，现在孩子已经成年有了他自己的生活，而这个要和我走完后半辈子的男人却是无言以对，冷漠相向，女人啰唆，越老越啰唆，我只想找个人能和我说话而已，如果凑合的代价就是夜夜无人说话，让我憋出了抑郁或者焦虑，那么我对这样的凑合没有兴趣，因为我可以忍受一个人的孤单，却不能接受两个人的孤单。”

我在上心理培训班的时候认识了一个20多岁的小女生，漂亮时尚，热情开朗，是射手座典型的代表人物。那个时候她告诉我今年十一她会结婚，到时候会请我去参加她的婚礼，结果十一过了我也没收到她的邀请，我还在猜测这中间有什么变故，她发消息给我，她和她的准老公分手了，没有领证，所以婚礼也取消了，那个她花费很多心血装修的新房也搁浅了。我以为是上演了什么逃婚、彩礼等狗血剧情，结果她很平静地告诉我，没有任何狗血剧情，只因为发生了一件事情：准老公的爸爸因为一场意外的车祸住进了医院，当时的情况非常危险，医生在做了紧急处理以后说要72小时留人不能离开，担心有内出血的情况发生。准老公的妈妈在医院守护了24小时，因为太过紧张，又没有休息好，人昏厥了过去，只好回家去休息，作为独生子女的准老公在医院守候。最后一天小女生接到准老公的电话，说是单位有临时任务要加班，非常重要的一个事情，请小女生去帮他看守一下爸爸，小女生没有异议立刻赶去了医院。事后一个偶然的机会她才知道，那天准老公并不是去加班，而是之前已经约好的一个集体攻关的在线游戏活动，仅此而已，他就找了这样一个理由把还没有脱离危险期的父亲扔在了医院，自己赶回去和盟友们打游戏去了。小女生提出，这个婚不结了，把两家人都急了个半死，婚宴定了，新房装了，特别是女生的家长更是不停地劝，你已经是27岁的人了，这个男孩子各方面条件都不错，可能就是一时贪玩，没有必要太认真，凑合着先把婚结了，以后再慢慢教他，说不定慢慢玩醒了。

小女生说：你也觉得我作吧、矫情吧？我不想为了面子去凑合一场婚礼，一个还没有度过危险期的父亲都没有游戏重要，我怎么能够想象哪天我要是有什么意外，是不是也把我一个人扔在医院里？所以我还需要点时间去考虑这个男人是不是我要的。

曾经有一个手指游戏，我们把大拇指比作父母，把小手指比作子女，把食指比作朋友，游戏中会发现这几个手指都是可以分开的，而唯一不能分开的只有无名指，无名指比作夫妻，这也许是婚戒为什么会带在无名指上的原因之一吧。父母会老，渐渐而去，子女会大，慢慢高飞，朋友会变，来来去去，而剩下的只有夫妻，从年少到年迈，从身强力壮，浪漫多情，到彼此搀扶，牵手到老，这样一个在生命的流淌中可以胜过父母，胜过孩子的最重要的人为什么要去凑合呢？

如果两个人在一起不是彼此欣赏彼此呵护，而是彼此伤害彼此冷漠，只会让这种关系中的两个人身心俱损，还不如一个人过得逍遥自在，拥有一纸证书却夜夜哭泣，看似完整心却早已支离破碎，又有什么凑合的意义呢？那白天强颜的欢笑是做给谁看呢？

朋友说，我对凑合的婚姻没有兴趣，因为假如我是一个人，我可以对未来带着憧憬、带着美好、带着期待，假如我是在不良婚姻关系中的一个人，那么我就会缺乏自信、缺乏快乐，缺乏对未来的憧憬和期待，因为我会不停地问自己，我是不是很糟糕，所以我的老公不愿意回家？我是不是很失败，所以我的老公才会在外面找小三？我是不是已经很卑微，所以他可以在外面和所有人说话，就是回家不和我说话？所以一段不能滋长自己美好的婚姻，不要凑合下去。一个人也可以带着自信、成长、优雅去期待未来每一天的美好！

朋友说，我对凑合的婚姻没有兴趣，因为我有自己养活自己的能力，我可以给我自己一切物质上的满足，我需要的是一个精神上可以彼此支撑交流的伴侣，而凑合的结果就是把自己变成怨妇或是泼妇。

所以我相信在养老院那个 80 多岁的老爷爷会去追求 100 多岁的老奶奶，追得还很费劲，奶奶才答应，所以我相信那个在重庆大山里搭起天梯，演绎几十年不变得 70 多岁老夫妻的爱情神话，所以我也相信桂林那对一起走了 68 年的恩爱夫妻，因为爱，因为温暖，和年龄无关，和金钱无关。

我对凑合没兴趣，因为我可以忍受一个人的孤单，但是却不能忍受两个人的孤单！

如何对待金钱，就如何对待人生

一个人如何对待生活，取决于他对待金钱的态度。

钱不是万能的，但是没有钱却是万万不能的。人生总面临无数的取舍，只是在取舍之间，你把钱的位置放在了第几位，那就是你对待金钱的态度。在获取金钱这个筹码的时候，你用什么和它进行了交换，那就是你的取舍。

心理学有一个价值观拍卖的测试，是在很多团体辅导的时候会用到的一个测试题目，每个人会发同等金额的游戏纸币，你可以用这些纸币去竞拍你想要的东西，比如一个漂亮贤惠的妻子，每个周末陪家人共度的晚餐，一份成功的事业，一个规模庞大的图书馆，一张永远不过期可以飞向任何地方的头等舱机票，一幢别墅，一辆豪车……你用你手中的纸币买下了什么，那就是你心中最想追求的生活目标。

姑娘们，如果你要找未来的老公，那还是先来看看他对待金钱的态度吧。他赚钱的方法是否取之有道，光明正大？他的钱，愿意拿出多少花在你的身上，或者他的钱都用在了哪里？他是如何来规划他的金钱，那就是如何规划他的人生。如果他的钱多半用在了对自己知识的投资上，你是否愿意陪他红袖添香；如果他的钱多半用在了户外运动上，你是否愿意陪他徒步天涯；如果他的钱用在了生活的最基础物质需求上，你是否愿意和他平淡度日；如果他的钱用在了狐朋狗友的吃喝上，你是否愿意和他月月花光；如果他的钱用在了慈善捐赠的好事上，你是否愿意陪他积德行善？

伙伴们，如果你是要找一个合伙人来共同创业，那也要先来看看他对待金钱的态度吧。在他过往的生涯中，是否有太多信用卡逾期的记录；是否有借了别人的钱，自己到处消费而拖欠不还的经历；是否自己名牌上下，而父母生病却不愿意出钱治疗；是否自己在外面春风得意，撒钱如撒花，却对家人严厉苛刻，甚至没有为家里人买过一份像样的礼物？一份事业，有风险有投资，有诚信有合作，勇于担当并且遵守承诺的人，才会在事业低谷的时候继续坚守；不离不弃，才会有东山再起的傲骨雄姿，才会在事业巅峰的时候保持低调，以平和的态度看待金钱。不会因为生意亏了，就和你吵得天翻地覆，推卸责任，忙着撤资。不会在生意爆棚的时候，和你在利益分配上明争暗斗，张扬狂妄，忙着分钱。

掌门们，如果你要组建一个团队来经营你的事业，那团队成员管理中还是先来看看他对待金钱的态度吧。对金钱有着太高欲望的人，你开出的薪金是否能够满足他的需求，如果不能满足，那他会如何获得平衡？对金钱没什么需求的人，你的薪酬激励制度是否对他管用，如果没有用，那应该用什么来开发他的积极性？

朋友们，如果你要找一个和你交心知心的朋友彼此支撑，那还是看看他对待金钱的态度吧。两个人结伴出行，一个人将钱用于生活享受，给自己安排最舒服的路线，最惬意的时光不是看景点拍照的旅行，而是放慢脚步的度假，对着日出发呆，对着日落沉吟，而另一个人处处考虑的是节约，你要五星，他要便捷，你要专车，他要拼团，你要舒服，他要实惠，你要头等舱，他要赶红眼航班……估计还没有出门，你就已经憋到吐血。你在海滩看海鸥齐飞的时候，他赶着去哪个景点照几个带字的照片，你觉得你们还能玩到一起去吗？一个人钱不多，却每天在不多的钱中创造经营生活的美好，天气好去看不要钱的菊展，周末带着孩子去参加小区组织的郊外摘橘子，不要的毛衣拆了做成漂亮的地垫；而另一个人所有的钱放在银行，天气好了，开个滴滴去做兼职赚钱，周末要去加班赚钱，没时间陪家人孩子，更没有时间废物利用去装点家里的美好，所有的时间都在想方设法地赚钱。哪个人对钱的态度更符合你，那就是和你三观相投的朋友，你们更有共同话题。

一个人如何对待生活，就看他如何对待金钱，是为了钱不择手段、背信弃义，还是为了钱不断学习，增长智慧；是为了钱满足自己的欲望需求，还是用赚钱去获得心安踏实，自我成长。在人生选择的砝码上，我们常常会在金钱和其他东西之间做出选择，自行车后的哭和宝马车上的笑，遵守商业机密还是透露竞标底价，挂着羊头卖着狗肉的小本生意，还是规规矩矩遵守秩序的小买卖。你选择什么方式赚钱，就选择了什么方式生活做人做事。

前段时间和一个朋友聊猎头用高出几倍的酬金让他跳槽但被他拒绝的事情，他说人到中年，物质积累到了一定的程度，要学会做减法，可以放慢脚步去享受一些生活中平凡的美好，没有必要再为了钱离开家，和老婆分居两地，也没有必要为了钱日日应酬，有空宁愿回去陪陪老母亲。

钱是生存的根本，我们需要它，这一辈子，我们都会与它形影不离。而更重要的是，希望你能透过铜钱的眼睛，看到那些用钱买不到的美好，比如正直和善良，比如快乐和温暖，比如笑容和美好，比如空气和阳光，比如尊重和爱护。这些或许有一天在你面临取舍的时候，你会觉得它们都比钱更加重要！而你的取舍方向，就是你的人生态度。

决定异地恋去留的，不是地域的距离

01

来访者小飞说她终于和男友分手了，从大学毕业出来到现在三年的异地恋终于结束了，大哭一场以后她觉得无比轻松。我问她，是因为远了吗？她说是的，远了，不是地域，而是心灵。

小飞说：两个城市的距离其实并不算很远，高铁两个多小时到达，而且每天的班车数量几乎半个小时一趟，这种距离是可以接受的，但她不能接受心灵的距离。大学毕业后，小飞考取了本地的研究生，她必须继续完成研究生的课程，并期望在自己的专业基础上有更高的造诣。两个人约定每天晚上会通一次电话或者视频，每周至少要见一次。这样的电话从每天晚上打到手机没电，从每个周末缠绵到不想分开，一直到后来这样的电话变成："吃了吗？睡了吗？在干吗？早点休息。"男友无法理解她在专业里面的精益求精，说她少了生活情趣；小飞也无法理解男友每天下班回家宅在房里没完没了地打着游戏，或者就是和一帮同事去唱歌喝酒，说他少了生活的追求。

当每周见面一次到一个月也见不上一次，而忘记了思念是什么的时候，不同的追求，注定短暂的相交后就是各奔东西。

02

来访者燕子在朋友群里发送了一条消息，分居7年，我们没有等来七年之痒，我们等到了结束两地分居的生活，终于在一起了，朋友们，祝福我们吧！燕子的老公是大城市的公务员，而她是小城市的公务员，两个人当初相识是在一次单位组织的培训班上，然后恋爱结婚生子。因为工作性质的原因，两个人一直两地分居。周五了，老公就回来，周末了，就赶最后一班车离开。燕子说距离从来不是问题，两个人从来没有因为距离而减少彼此的温度，电话短信微信视频无所不能的通讯方式为良好的沟通提供了渠道，让两个人紧紧地联系在一起。

装修房子一个在这头拍照，另一个在那头参谋，一件好玩的事情会彼此分享，一个重大的决定会彼此商议，燕子说老公家里缺什么了，老公就会在网上买了送到家里，每天晚上也会和孩子视频一会。燕子曾经很喜欢这样的生活，她说平时陪孩子，周末陪老公，两不耽误，虽然两个人一直为了相聚在努力，但是依然将分居的生活过得和谐温暖。

让老公做出决定放弃大城市公务员的位置，毅然回到小城市与家人团聚的决定是因为孩子说："爸爸，幼儿园总有其他小朋友的爸爸来接他们放学，但是你从来没有接过我，也从来没有送过我。"是因为有个风雨交加的晚上燕子骑电瓶车下班出了交通事故送进了医院，好在只是轻伤，住了几天就出院了。老公说，我要回来和你们在一起，因为老公的职责需要我在你们身边。

7 年不曾磨淡的情感是因为有心中坚定的职责，所以 7 年的异地才能得以圆满。

03

来访者林子说她要去北京举行婚礼的时候，把我们吓了一跳，就这么结婚了？是啊，就这么结婚了，因为相爱，因为他让我有安全感。最反对异地恋的林子居然在没有大团聚之前就这么决定嫁了？

林子的先生是一个富二代，他有家族的企业，有盘根错节的家庭背景和关系，这一切都在北京，所以他不能离开北京，他必须在那里继续他的使命和任务。而林子不愿意去北京，她不喜欢那里的沙尘暴，不喜欢那里的冬天，不喜欢那四四方方的街道，她不舍得和自己妈妈分开，她还是喜欢江南的小桥流水、古香古色。分隔两地让她没有安全感，所以她不接受这段感情。

是什么让她改变了主意，她说不是因为距离，是因为先生让她对这段感情有了安全感。他让林子写下她不愿意异地恋的理由，林子就开始想啊想啊，生病的时候不在身边，想他的时候触摸不到，万一打过去的电话没有人接，又找不到人会胡思乱想……她七七八八写了一大堆，因为她在一个单亲家庭长大，一直和妈妈相依为命，所以她是一个极其没有安全感的人。先生笑了，就林子列出的所有理由都给出了答复，比如你生病了我会回来，根据你病情程度决定陪你的时间，或者我可以把你接到北京来看病，比如你想我了，你可以 24 小时打我的电话，我专门为你设一个手机号码，我和你分享我的定位，你可以随时看到我的行踪。他带林子认识他的家人、公司，会把自己贴身司机和秘书的电话都告诉林子。他把家设在北京，林子有家门的钥匙，随时可以回来，也可以随时和妈妈一起回来住，他甚至还为林子和自己买了一份保险，受益人都是林子……先生将林子担心的异地恋可能发生的所有事件都用具体的行为给予了保证，最后林子接受了这段关系。

不能接受异地恋的人，可能不是地域的距离，而是心中没有安全感。

04

女人说，我的城市下雪了，男人说，我陪你一起看雪，可以视频一起分享，可以买最近的车票，在漫天的雪花中牵着手一起白头。女人说，我的城市下雪了，男人说，天气冷了，赶紧回去待着吧，别冻感冒了，我会心疼。女人说：我的城市下雪了，男人说，该死的领导，给我一大堆活还没干完，我都不知道外面下雪了，女人说：我的城市下雪了，男人说，昨天陪客户应酬，酒喝多了，现在还头疼呢，你让我再睡会……

在越来越独立的个体间，决定异地恋去留的，不是地域的距离，而是心灵的距离。传宗接代、忍耐凑合早已不再是现在人给予婚姻的意义，彼此懂得和了解，彼此欣赏和尊重，彼此支撑和爱护，才是现代女性希望在婚姻中获得的养分。

但愿你的隐忍，能换来你想要的生活

01

张爱玲写过这样一句话：见了他，她便变得很低很低，低到尘埃里。但她心里是欢喜的，从心底开出花来。即便是这样的卑微，也没有换来和胡兰成的白头偕老，即便是用自己的稿酬支付胡兰成四处逃难的这种隐忍，也没有换来那个男人的一心一意。

读《再别康桥》的时候顺带查阅了一下作者生平，张幼仪是徐志摩的第一任妻子，她知书达理，贤良淑德，照顾公婆，料理家务，隐忍丈夫在外面的种种行为，换来的却是两个月身孕的时候徐志摩冷漠地提出离婚。

02

来访者琴已经有了一个 5 岁的女儿，乖巧可爱，是一个漂亮的小天使。她的丈夫和她商量想要二胎，最好是个男孩，考虑到自己已经40岁了，琴没有答应，不久后她无意中发现丈夫劈腿了单位的一个女同事，她并没有闹也没有吵，选择了隐忍，带着40岁的高龄怀上了第二个孩子，因为身体原因，不得不辞掉了工作，专心养胎，她以为看在孩子的面子上，看在自己这样辛苦的份上，可以挽回丈夫生变的心。结果是孩子一周岁的时候，丈夫还是坚决地提出离婚，而且表示要大女儿，因为大女儿好带，这个刚满一岁的男孩给琴，因为太小了带起来太麻烦，会影响自己现在的生活，把他留给了妈妈。

若一段婚姻需要你的隐忍才能维系，你觉得你有多少耐心可以一直忍下去？你觉得你有多少资本可以一直消耗？工作、身体、曾经的梦想和少女的情怀……最后除了一个褪去色泽的婚姻，你可能一无所有，这真的是你想要的吗？

03

有人说，想要留住一个男人的心，就要留住男人的胃。为了这句话，我有个从不下厨的朋友开始学着做饭，煲汤、炒菜、药膳、甜点，色香味俱全，手艺几乎赶上了星级大厨。那纤纤玉指早已不复存在，偶尔视频一下，也是看见她蓬头垢面地穿着围裙在厨房里忙来忙去。终于有一天她怒气冲冲地跑来找我，骂了几句脏话，然后说：我再也不做饭了，他们一家完全把我当保姆使唤，一天三顿，冬冷夏热，没人分担还不说，嘴巴还越吃越刁，我不想伺候了。而最重要的一句话她放在了最后，我老公回家吃饭的时间越来越少了。我笑着问她，是不是你的厨艺下降了？她说当然不是。

还有个远房的长辈，今年都过 60 了，这一辈子都是她的男人下厨，她从来没进过厨房，男人说，结婚的时候我就说过，不用她学做饭，我没有别的本事，就喜欢给她做好吃的。从这对夫妻来看，妻子没有用厨艺留住男人的胃，她只是留住了男人的心而已。

想吃好的，外面的馆子应有尽有，要味道有味道要情调有情调，真正回到家里恐怕最想要的是一碗西红柿面，一份小米白粥加一点妈妈腌出的咸菜，或是一家人其乐融融的家常便饭。

当你把自己变成一个黄脸婆，一天三顿在厨房打转的时候，你的老公可能在飞机上看到了更广阔的天地和未来，难道你这辈子的理想就是当厨子？我那个朋友说，我的理想自然不是厨师，想当初我也是大学的高材生、职场的精英，只是现在一切都变了模样，自己的隐忍并没有换来想要的生活。

男人的心若不在，胃岂能品尝出你厨艺中的甘甜？男人的心若在，又怎么忍心你日日洗手做羹汤，将一个如花女人变成油烟婆娘？

04

如果隐忍只是为了让你换来你想要的生活，那么你可能会失望，用忍来交换，那将是一颗会随时爆发的定时炸弹，会日久天长的滋长出一颗扭曲的心灵。当然，你可以选择隐忍，在忍字的那把刀上清风明月栽培出一朵盛开的莲花，只是别想着去交换，下厨是因为你喜欢给家人做饭，他们开心你就开心，放弃事业是因为你愿意在家里带孩子，你可以换个角度和孩子一同成长；讨好婆婆是因为老公对你不错，你不忍心他为难，所以你愿意讨好。这样的隐忍无需交换，不是筹码，或者你就找到了你想要的生活，你的内心也会达到平衡。

或者有人说，现在的社会风气如此，已经不敢相信婚姻，似乎出轨劈腿都成了理所当然、见怪不怪的事情。但是我们依然会看到，分居两地每个周末雷打不动必须回家和家人团聚的尽职尽责的丈夫，30 多年一直兑现承诺不让老婆下厨的亲戚长辈，结婚数载依然恩爱如初的中年男女，还有再婚后依然收获幸福的重建家庭。他们没有痛苦地隐忍，只是在经营，在珍惜，在点滴的平凡中感受生活的美好。

喜欢舒婷的《致橡树》：作为树的形象和你站在一起……我们分担寒潮、风雷、霹雳；我们共享雾霭、流岚、虹霓。仿佛永远分离，却又终身相依。那红袖添香的共同成长，柴米油盐的相濡以沫，无需用隐忍交换，只需用两颗真心去坚守！

女人，别弄丢了你赚钱的能力

01

作为女人，你是否经历过手心向上向身边这个称作老公的男人去要生活费的时候？是否经历过看见商场里一件极其喜欢的物件或者衣服，却是价格不菲，只有弱弱向身边这个男人讨要一份礼物，还要掂量他今天是否心情不错的时候？

而那个时候的你或者正处在大腹便便要做一个准妈妈的特殊时期，或者是你已经甘于放弃江山回到家里做一个居家女人，或者是为了照顾某个生病的长辈或者亲人不得不做出放弃事业的最后选择。

世事无常，人总有因为生活低头的时候，但是切记，不能永远低头，不能将手心向上的日子过成一种习惯，你的尊严和美丽，你的自信和聪慧会在这种习惯中沉沦，最后你不仅弄丢了赚钱的能力，还弄丢了自己！

02

现在的婚姻法对女人有着太多的不公平，婚前的房产一旦离婚和你半毛钱关系也没有，即便你在这个家里牺牲个人所有，努力操持，伺候一家老小，有一天当感情没有的时候，当婚姻那张纸被撕碎的时候，你不会得到和你付出等价的经济补偿，而你面临的可能是到了一个让你非常尴尬的年龄，高不成低不就，外面的世界离你有点远。你发现你不小心丢失了曾经赚钱的能力，那个时候或者你已经红颜褪色，而那个你一心付出的男人却风采依旧，他比往昔更多了男人的魅力和成熟，因为他有足够的经济支撑。

A 女士离婚是在她做了全职太太十年以后，老公的事业风生水起，经受不起秘书的诱惑，终于犯了错。A 女士无法容忍，提出离婚，老公还算大度，自己净身出户，家中房产、车子以及存款都留给了 A 女士。开始几年 A 女士过得还不错，虽然伤心，但还是乐享清净，可是渐渐入不敷出，高质量的生活习惯已经让她无法降低生活水准，她这才恐慌于自己没有其他经济来源。她想找一份工作，却发现没有一份工作能够满足自己的要求，不想吃苦，不能受累，不想坐班，不能职位太低……这样的工作似乎找不到，在温水中的青蛙一不小心就煮化了可以跳跃的双脚，不再拥有赚钱的能力，而老本终有一天会被吃光！

我有一个培训班认识的同学，我们在上那一期心理课程培训的时候她怀了老大，坚持每天和我们一起上课、研讨、完成作业。生了老大以后，我们去她家里看她，那个时候她正在家里休产假，房间书桌上有着她正在读的书和做的笔记，她说孩子睡觉的工夫她就抓紧时间看会书，要不就感觉自己每天吃了睡睡了吃，好浪费时间。后来那一年她不仅仅生了老大，还在产假满了以后竞聘上了她这个部门的主管，工资和待遇都比以前提高了。接着的几年，我陆续听到她的一些消息，又在考什么证书，又去哪里进修了，有人也问，是不是因为她的老公对她不够好，所以她一直这么努力？当然不是，她的先生不仅帅气阳光，而且绝无他念，是一个对家庭相当负责也有相当经济实力的男人，但是同学说，我一直努力不是为了取悦谁，也不是为了赚钱而去努力，而是为了让自己不要被这个时代淘汰，不要在老公的温柔乡里故步自封，有一天弄丢了自己赚钱的能力，靠他来养活我。这个同学后来修完了博士课程，还生了老二，如今生活幸福美满，在单位稳步提升。

03

女人，不是你为家庭付出了，就能换来等价的收获。当你把自己熬成了黄脸婆，和这个世界脱轨，你指望身边这个男人会听你絮叨米几钱油几两？也不是你所有的牺牲，都有足够的金钱给予赔偿，一旦你遭遇了暴力、背叛，耗尽心力用几场官司得到一些弥补，而这些钱和你这么多年的失去牺牲是否能成正比？能否换来你失去的青春，你付出的心血和曾经引以为傲的职业？

风卷云涌，曾经信誓旦旦的男人不能保证永不背弃，与其将自己的未来押在别人身上，不如押在自己身上，给自己投资知识，为自己投资经验，让自己投资品行，不停止学习的脚步，不舍弃正能量的朋友，当你年华老去，这些知识和经验、你的品行和正能量的朋友会是你赚钱的资本，会是沉淀你骨髓的优雅，会散发皎洁的光芒，如天上的满月，让人温暖而舒服！

那曾经效益丰盈的公司不能保证经久不衰，楼价会一年几涨，股票会一连几跌，我们从来不能保证纸币会不会贬值，不能保证经济会不会有一天泡沫，我们只能不断地去充实自己赚钱的能力，才能有自信去面对一切的来去。

04

最喜欢和我的一个朋友逛街，因为不管再贵的物件，只要入了她的法眼，那就直接包下付账，她说我喜欢给自己买礼物，因为我有赚钱的能力，我买再贵的东西都不需要看任何人的脸色，我自己买得起，我给我自己买单！

或者因为某些原因，你必须修整一段时间，再比如因为某段特殊的日子，你必须退出职场，这都没关系，现在正当赚钱的渠道和方式除了朝九晚五以外还有很多种，只要你不辜负自己，不要迷失了方向，不要弄丢了赚钱的能力，那么只要你愿意，你随时可以披甲上阵，笑傲江湖；你随时可以叱咤风云，卷土重来。

有时候一个人赚钱的能力并不是对物质的贪婪和对金钱的渴望，更多的是一个人立足于社会的品行，是求知路上的努力，是不断完善、探寻自我的提升，是一个女人恬淡宁静的自信，是不仰人鼻息的骄傲！

赚钱的能力是一个女人的尊严和骄傲、自信和美丽，所以不要轻易弄丢了它！

谁说幸福只来一次？

01

有人说，离婚后还带着孩子的女人是最难嫁的，所以不如凑合在一段婚姻里面，忍一忍，好歹还算有个完整的家。

我的朋友说，如果孩子是一个人带，钱是一个人赚，晚上是一个人睡，病是一个人看，这样“完整的家”是给谁看的呢，有什么意思呢？那个留恋于麻将桌、有着明显肚腩的男人和当初那个意气风发的小伙子已经有了太大的区别，两个人相对无言，已经找不到沟通的话题，这样的完整和幸福无关，为什么还要纠结不安呢？

02

我觉得现在的女人都很能干，做家庭主妇的可以把一个家打理地井井有条，饭菜烧得有香有色，做职业精英的可以兢兢业业，上得了厅堂，下得了厨房，可以成为业界标杆，可以成为商界美女的CEO，也可以成为幕后英雄。我看过身边太多的女人，她们在球场或者健身房里坚持不懈地保持身材，可以坚持看书培训增加自己的专业知识，可以优雅温柔地参加孩子的家长会，她们有足够的能力养活自己，并且有质量、有品位，她们可以在没有男人的世界里活得很好，充实、快乐、自信、美丽！

她们独立坚强，她们柔美温暖，爱情和婚姻对于她们只是锦上添花的点缀，她们更看重情感世界中的沟通交流、共同成长和精神吻合。有人说现在的女人都是女汉子，在这样一个变幻万千的社会中，女人如果不把自己变成女汉子，那估计只有秦香莲的悲苦，和窦娥冤的苦情，哪里有灿烂的笑容迎接到来的幸福。

03

一个善于做婚姻辅导的老师曾经说过，再幸福的婚姻也会有争吵和矛盾，也会有分手或者离婚的念头，我们怎么判断这段婚姻是否有继续下去的必要呢？那就看婚姻中的两个人是否有改变的勇气和力量，是否还有对婚姻经营的信念，如果有并且能付出行动和努力，这样的婚姻我们值得期待，并且在期待中获得成长，收获重温的幸福。如果没有改变，或者其中一方没有力量和信念去改变，那么结束不是坏事。谁说幸福只来一次？

当曾经的美好已经消失殆尽，当曾经的承诺已经烟消云散，来时的那条路已经在记忆中模糊了方向，忘记了寻找，也不想再去寻找，遗失了美好，也不想再去经营，你是否有勇气去结束，还是在忍耐中年复一年、日复一日的消耗？

在婚恋咨询结束后，我有时会收到这样的回复：以后我们不来了，因为我们的幸福重新回来了……我开始喜欢上自己了，所以我遇上了同样喜欢我的他，又开始了幸福的生活……感谢这段时间的反思成长，让我觉得结束不幸福的婚姻才是幸福的开始……

谁说幸福只来一次，当我们丢失了幸福的时候，我们是不是也丢失了自己？当你有勇气找回了那个丢失的自己，幸福也会和你一起回来！

04

来访者小澄说，我从来不后悔我当初的选择，我不觉得一个人过有什么不好。这年头，手机比老公靠谱，饿了，用手机叫外卖，外卖小哥就会把你想吃的送上来，临走还会给你说一句：慢用啊，别忘了给我一个五星好评。接送有"滴滴"，专车司机还会亲自下来给你拉开车门，估计老公都不会服务得这么好。不想开车了，一个电话就有代驾，想买东西就用手机淘宝，想什么有什么……如果一个人可以将生活过得这么有滋味，我当然不介意另外一个人什么时候再出现，因为这么美好的生活老天一定不会让我独享，一定会有一个人和我一起分享，谁说幸福只来一次？有很多二婚的人也能收获幸福完整。

是啊，谁说幸福只来一次？只要有一颗经营幸福的心，有一颗向往幸福的美好，不是每天愁眉苦脸，唉声叹气，而是自信美丽，笑容美丽，曾经遗失的幸福一定会再来。小澄说，我一个人过得很好，很快乐，也很开心。我问她还嫁吗？她说遇到了，当然还嫁，谁说幸福只来第一次？

谁说幸福只来一次，只是在它还没有到来的时候，你是否做好了准备，让自己还是那么美好？我对小澄说："带着你的期待继续你的幸福吧!"或者第二次也很美。

接受缺失，善待拥有

01

“月有阴晴圆缺，人有悲欢离合，此事古难全”，不完整的人生才是真实的人生，不完美的人性才是真实的人性！

所谓的完整只是相对而言的某个阶段，一家团聚其乐融融，事业顺利身体健康。但是随着岁月的年轮一点点转动，更多的时候，人们只能去接受生活中的缺失，接受不完整。有的人接受得心不甘情不愿，凭什么我什么都没有，他什么都有。“凭什么”会让人的心态失去平衡，那希望得到更多的内心欲望因为失去平衡而产生扭曲，扭曲的最终结果是缺失更多。

一个单身女子因为自己的闺蜜家庭幸福夫妻恩爱而长期心理不平衡，认为自己什么都比闺蜜优秀，凭什么就单身一人什么都没有？为了这种内心的不平衡，她主动勾搭闺蜜老公，就是要试一下他们的感情到底有多好。男人没有经得起诱惑，东窗事发，她也没有得到她想要的完整，反而是失去了这段闺蜜情谊，还在朋友间成为笑柄，最后自己落得身败名裂，只得辞掉当时还不错的工作换了一个城市生活。

一个大学生家里非常贫寒，他靠着自己勤奋学习考上了一所不错的大学，依靠借贷继续学业，却非常看不惯寝室里另一个同学：家境殷实，人际关系良好，更重要的是学习成绩也很好。他在心理极度不平衡的情况下经常在那个同学的钱包里偷钱泄愤，终有一次被发现了，学校从人性化考虑并没有将他送交相关部门，只是劝退，他那好不容易用自己的努力挣得的一条迈向城市的道路因为这种不平衡赔上了更多。

02

岁月的年轮是最公正的，不偏不倚，在它应有的轨道上年复一年，日如一日。再完整的日子也会因为年轮的转动变得不再完整：终将离我们远去的父母，终将展翅高飞的孩子，终将退休，终将变成垂暮的老人……在不断的缺失中感受年轮、感受成长！

再恩爱的夫妻也有分离的时候，不是因为工作小别，就是因为生死大别；再听话的孩子也有长大的时候，有了自己的生活和思想；再强健的身体也有衰老的时候，那是谁也无法改变的自然规则；再重要的人物也有退二线的时候，如果对于发生的一切都要充满怨恨，充满愤怒，只恐怕你拥有的那些也会以飞快的速度离你而去。

缺失不是你的错，是上天的法则。当你学着心平气和地接受这些缺失开始，那些萦绕在你心灵上的痛苦，那些让你想起来就忍不住的伤悲，那些在心头纠结的爱恨就会慢慢淡去，唯有如此，那些不良的情绪才会远离你，才会保证你的神经正常的运转，才会保证你大脑的化学物质能够正常分泌，带给你快乐和宁静。

03

眼睛只盯着缺失而看不到现在拥有的人会逐渐陷入一个恶性循环中，最后连自己都缺失了。

在相对完整的时间段里，希望更多的朋友能够善待拥有，那些还存在于我们生命中重要的人、重要的事，不要“子欲孝而亲不在”，不要“你离开以后我才知道我有多爱你”，不要“孩子我还没有抱过你，你怎么就长大了？”

当你能真正心平气和，带着感恩的心去接受缺失，善待拥有，老天会将你失去的换一种方式还给你！人生是没有彩排的戏剧，明天也许是惊喜，也许是意外，我们能够做的是在今天善待拥有，并以平和的心态去接受得失！

活在巨婴世界的“三不”男人

01

有人问我，什么是“三不”男人？“三不”男人就是指单身时在处理情感关系的时候以“不承诺、不表态、不拒绝”的方式和身边的各种女人来往。你若觉得我好，我看你也还过得去，那就来者不拒保持一种相对暧昧的关系。但是你若让我对你有天长地久的承诺，有实质性的契约精神，我就会斩钉截铁地说：不，好像我都做不到。

小 C 在一次相亲活动中结识了某男，年龄相当，身材匹配，再加上男人有着一份不错的工作和外表，在活动中小 C 的几次表白某男都没有拒绝，这让小 C 的心中一阵狂喜，认为这是老天赐予的缘分，说什么也要不负亲友团的期待。接下来，小 C 一路穷追不舍，某男也是默默接受。开始小 C 以为某男是性格腼腆、不善表达，可接触下来，只要不谈及两人关系，某男都能够侃侃而谈，对于小 C 的邀请也是来者不拒，但是却从不对小 C 表白。小 C 有些糊涂了，于是通过多方渠道四处打探某男的底细，这才知道，这样一个看上去的钻石王老五，实际上是一个“三不”男人。

这样的男人乐此不疲地参加各种相亲活动，欣然接受身边各种人安排的相亲见面。因为个人条件还不错，所以总能让那些大龄恨嫁的女生们有相见恨晚的冲动。对于条件还不错的女人，比如小 C 这种的主动邀请，他是来者不拒，看电影我陪，吃饭我陪，逛街我陪，俨然一个彬彬有礼的君子，你若还想有进一步的亲密行为我也可以奉陪，但是这是你情我愿的事情，千万不要因为以上种种，就认为我必须负责。

这样的伪女友一个接一个，局外人给这样的关系下了定义：暧昧。暧昧时间最长的女人和他交往了三四年，一直梦想着能用自己的努力和真情感动某男，让他能给予一纸婚约。交往的这些，你说是正牌女友，他一个都不承认，你说不是，但是热恋男女做的事情他也都会做，只是他从不主动，只是被动接受。小 C 搞清楚底细后，毅然回头，转身离去，末了还深叹一口气，幸好抽身早，只耽误了半年的时间。

02

在婚姻关系中也有这样一种“三不”男人，他们对待婚姻关系或者生活中出现的问题“不解决，不面对，不承担”。人生就是一个不断出现问题并不断解决问题的过程。任何人，任何事件，任何时间，任何关系都可能会出现问题。一个人格健全，心理成熟的人，出现问题会思考、面对、解决。然而在婚姻中的“三不”男人，他们采取的方式是问题是别人的问题，不是我造成的，不是我的责任，我没有能力解决，所以也不要让我去解决，一切的一切都和我无关。不要和我说这个事情，我不愿意去思考，不愿意去想，不愿意去面对。你若对我说多了，我会烦躁，我的头会痛，我的心脏会不舒服，我还会离家出走，扔下问题和家里人不管不问。

当“三不”男人的另一半是一件非常痛苦而磨砺心智的事情，面对年龄已经成熟却活在巨婴世界里心理还没有长大的男人，需要何等坚强的独立、包容和毅力才能够将这段婚姻坚持到底，很多人不得不在中途转身离去，因为太累，因为太苦，因为这样的婚姻真还不如自己一个人来得轻松快乐！

孩子的教育、婆媳的关系、生育的艰辛、工作的辛酸……一桩桩一件件本来想找一个人分担分享，却发现所有的问题都要自己扛，而且还要比单身的时候多出来更多麻烦，这样的婚姻关系给女人的身心带来了很大的伤害。

03

咨询室里总有各式各样女人的故事，那些因各种婚姻问题而茫然不知所措的女人背后，多半都有这样一个“三不”男人，让你看不到婚姻的希望，让你感觉不到身边有一个支持的力量，让你在困难的时候没有温暖和依靠，于是在错综复杂的起伏间产生了各种负面情绪。

如果你不小心碰到了这样的“三不”男人，如果你将他当成人生路上修行的必然，那么你或者能够将烦恼转化为菩提。如果你还没有能力盛开成沼泽中的莲花，那么就不要在沼泽地里待太久，先让自己爬出来，你的情绪才可能会一点点平复下去。那些活在巨婴世界里的“三不”男人，若没有渴望长大的信念和不断成长的力量，就只能一辈子都如凌霄花一样攀援而生，吸取身边人的营养，而你却会在这种环境中枯萎。他们的世界不会因为换一个身边人或者枕边人就发生改变，只会按照春夏秋冬的规律一如既往，除非他们自己有改变的决心和力量，愿意尝试着去面对、去解决、去学会用清晰的接受和拒绝去表达关系的界定，学会去承担生活中的责任。在不愿意改变之前，唯有巨婴的世界才适合这样的人存在，因为不会永远有人愿意为他们的行为买单。

04

在追寻爱和找寻爱的过程中，在你愿意做出承诺和付出真情之前，先看看面前这个男人是不是活在巨婴世界里的“三不”男人！先衡量一下自己是否有足够的能力和这个“三不”男人相处余生，千万不要梦想遇到你，他就会改变。

若他没有足够的勇气和力量为自己改变，也不会为你改变！

带着一点梦想生活，日子会变得有情趣

01

梦想还是要有的，万一实现了呢？很多人觉得梦想就是一个崇高伟大的理想，在我看来，不绝对是。梦想可以很简单很平凡，也可以很崇高很伟大，还可以很梦幻很浪漫，但是它一定要有，一定要在心灵中与你的灵魂契合，与你的步调一致。

在大人看来，孩子的梦想往往是幻想，那些不切实际、不着变调的想法还不如用在学习上。可是如果没有梦想的学习，是为了博家长欢心的不甘和消极接受现实的无奈，那么这样的学习就会缺乏持久的动力。我们在人类重大史册中看到的伟大发明、科学创作无一例外来自那些不着边际的幻想。1987 年才逐渐进入中国的互联网让一部手机解决了许多实际问题，你多年前可曾想过？1903 年发明的飞机让神仙飞来飞去的专利变成了每一个普通人的权利，你可以随心所欲地看看这四海八荒的风光。

让孩子有自己的梦想，而不是家长希望孩子达到的梦想，哪怕这个梦想现在看起来多么不切实际，但是带着梦想去生活的日子才会有力量、有生趣。而且孩子在追寻自己梦想的过程中也会根据自己的经历、感受和磨难不断地修正自己的梦想。没有梦想的日子是无奈和无趣的，是过一天是一天的行尸走肉，是心中没有佛性的小和尚撞钟。反之，当他清晰地知道学习是为了实现自己梦想中的必需品，他会为了梦想去努力！

02

我们渐渐长大，上班下班，循规蹈矩地过着每天的生活，哪里还有时间去惦记自己的梦想？生活的压力、家庭的责任、工作的重担让我们早就失去了梦想。说起梦想，似乎是小时候的白日做梦，是现在的痴人说梦，是恍恍惚惚的南柯一梦。恋爱结婚，相夫教子，公公婆婆，老公孩子，上班下班，同事领导……每天能应付得来就很不错了，累得精疲力竭，还能去追梦？

没有梦想的生活就如同围棋盘上的棋子，只有黑白二色，丢了梦想的同时你也可能丢了自己，梦想从来不仅限于香车豪宅、名垂千古、功勋显赫、得一人共一生、我要我的孩子考上名校光宗耀祖，而可以是和家人一起团聚的周末晚餐，只是我们把晚餐配上了一点浪漫，让每个人说说自己的梦想。梦想可以是陪年迈的父母来一次夕阳红的旅行，走得慢一点看看世界的风光。梦想可以是和在心底埋了好多年的那个人说上一句表白，哪怕结果是被拒，那又有什么关系。梦想可以是扔下家里这一堆鸡毛，离家出去待上几日，做几天自由自在的自己，管他洗衣做饭，谁接送孩子？梦想可以是桂花飘香的日子吃上几只大闸蟹，或者来一盆小龙虾配上一壶枸杞菊花茶……

当我们为了这些梦想开始努力，开始筹划准备，生活就不再是黑白，它会突然有了颜色，蓝色的天空、绿色的春芽、红色的杜鹃。把头抬起来生活，望向更远的地方，跳出每天周而复始的日子，找寻一下记忆中的梦想，你就不再是那只坐井观天的小青蛙，你会在梦想的魔法棒下变成一只无所不能的青蛙王子。将某个时间段交给自己，交给梦想，生活会突然有了意义，有了生机，有了情趣，有了前行的力量！

03

时光如白驹过隙，日月如流，人慢慢地老了。有人说，没有迅捷的步伐，没有敏锐的思维，没有精力和体力，还能有什么梦想，是不是这辈子就这样过了？剩下的日子无非是看病吃药，等着上帝召见。

真的吗？不是吧。张爹爹一生的梦想就是自己办一次画展，他在 78 岁的时候完成了这个梦想，毕生作品全部展列其中，将卖出作品的所有款项捐献出去。他说我不是为了钱，我都这个岁数了还要什么钱，我只是想完成一次自己的梦想。那带着皱纹的笑容有岁月的坎坷，也有对梦想的执著。

小区里面的一个婆婆在自家一楼院子家养了满满一院子的菜，丝瓜爬着藤，葫芦吊着丝，辣椒西红柿，还从外面移植了一小棵银杏，每天在院里忙得不亦乐乎，她说这么多年都在想自己的院子，种一院子的菜，她实现了自己的梦想。她说明年还准备种点花放在墙角，让每个季节院子都有不同的颜色！

04

这么多年我写的文章有点击率过万的，也有几十的，有说好的，说给了我帮助温暖和力量，也有说不好的，说你这是偏见，不值得看。可这又有什么关系，从我 17 岁在报纸上发表了第一篇文章开始，写作就是我一生的梦想，用有温度的文字写进人间百态，世间冷暖就是我的梦想，你来或不来，你看或不看，我都只是在完成我的梦想，让平凡的生活多一点生趣，让日渐长大的年龄还能保留一点浪漫和温情。

但愿你能与我同行，带着一点梦想生活，让日子多一点情趣和色彩。

我们说好的幸福呢？

01

人们常常渴望这一辈子所有的记忆和行程都是幸福的，于是会在任何值得庆祝的节日说上那句“你一定要幸福”；闺蜜出嫁你哭得稀里哗啦，对她说“你一定要幸福”；朋友远行，送行千里，也会说上一句“你一定要幸福”。似乎若不追寻到轰轰烈烈的幸福，不高调地在大家面前证实一下自己的幸福，就对不起别人的祝福，贬低了自己的身价。于是在寻求幸福的这条道路上，人们像打了鸡血的冲锋战士，不知疲倦、年复一年地追寻，为它疯狂，为它痴迷，却不知道有时候当我们换了一副眼镜去看待生活时，幸福就那样安静自然地跟在我们身后，陪我们一起走过四季。

02

有人说：我们所期待的，就是会给我们带来幸福的。于是哈佛大学的丹尼尔教授用了7年的时间在哈佛大学录取的大学老师间做了一个测试，从被哈佛大学录取开始跟踪被录取的人和被淘汰的人，在录取结果出来的当天，录取的人欣喜若狂，落选的人沮丧万分。但是仅仅在6个月以后，无论是否成功，他们的幸福感都回到了录取结果发表前的水平，因为落选的人面临新的机会和选择，录取的人面临工作的压力和问题。所以，你期待的那一瞬间的成功并不能给你带来幸福感，只是在那一瞬间增加了你的心跳指数，让你开心。

有人说：只有富裕了，我们才能幸福。英国经济学家理查德用了16年的时间做了一次幸福指数的调查。和16年前相比，人们的收入已经增加至原来的4倍，但是幸福指数却一直停滞不前。富裕对于那些需要食物教育和改善生活的人来说，会带来一定程度的幸福感，但非常有限，因为一旦人们拥有了健康和金钱，就会忘记它的存在，而对于其他已经拥有住房、基础教育和稳定生活的人来说，金钱对幸福感的影响几乎为零。

有人说，当一切顺利时，我们会感到幸福。对于带着积极情感去看待生活的人来说，顺利平淡的生活中的确能给他带来幸福感，但是对于带着消极情感去看待生活的人来说，顺利平淡的生活只会让他怀才不遇、长吁短叹。

有人说，婚姻幸福了，你就会感受幸福。对大多数女性而言，婚姻幸福是证实自己幸福的重要标杆，似乎唯有婚姻幸福了，才能证明自己作为一个女人是成功幸福快乐的。可是正是如此，女人对婚姻的期待越多，从中获得幸福感的基数就越高，从中获得幸福的养分就越少。婚姻成了在和平年代女人们的一次冒险，赌上的是这一辈子的幸福。真正能从婚姻中感受到幸福感的女人是凤毛麟角，更多的时候婚姻给了女人和未婚时完全不一样的经历。美国作家劳伦·麦克勒说，当一个人是无法经营快乐生活并从中感受到幸福感的单身人士，即便他结婚了也不会感受到幸福；当一个人单身时无法感受幸福，他在婚姻生活中也感受不到幸福，因为婚姻不是一个人，而是两个人甚至三个人，或者两家人的，它会带来更多的问题和更复杂的关系。若你没有解决问题的能力和经营生活的勇气，用来填补单身空白的婚姻是不会带来幸福的。

03

我们说好的幸福，在哪里才能找到呢？幸福更多的时候只是人的一种感觉，我感觉到幸福，我感觉到快乐，我觉得我很幸福，我觉得我很舒服。幸福感究竟是什么？法国心理学家弗洛朗斯从1973 年开始在哈佛毕业生中进行了持续 20 年的跟踪及研究表明，那些认为自己最为幸福的人的幸福感，既不是来自于出身，也不是来自于考试成绩，更不是来自于智商，而是源于他们对学习的渴望和对身边一切事物的好奇。而那些自认为幸福的人也拥有相同的一些品质：更善于人际交往，更加仁慈和更善于合作，更容易受到他人的好评，更加柔顺，更能承受生活的艰辛，更能向他人敞开心扉，健康状况较好，对当下生活满意，并且对未来有信心，对人际关系处理良好的人。

幸福感究竟有多重要，伏尔泰说过：我想变得幸福，因为这有益健康。1932 年塞西莉亚在成为修女的时候曾经接受了一项长达 60 年的科研调查，在同样生活起居的修女中，能够用积极情感看待生活并从中获得幸福感的，90%活到了85岁以上，近半数人活到了94岁，而幸福感低且总在用消极情感看待事情的修女们只有三分之一活到了85岁，最年轻的在53岁就离开了，幸福感和我们的健康长寿有很大关系。

前面说过，英国经济学家16年的科研调查发现，那些在16年前就能够用积极情感感受幸福的人，在16年后成为赚钱最多的人，而那些用消极情感看待事情、始终和幸福擦肩而过的人，在16年后境遇堪忧，生活质量较差。

在一项3000多名乳腺癌患者的调查中显示，没有亲密朋友的人幸福感指数低，每天生活在情绪不快乐中的女性死于这种疾病的概率是那些拥有亲密朋友，从中获得能量并且能感受幸福女性的10倍以上。

04

幸福的人从来不是觉得事情会变得越来越好的人，而是在同样糟糕的状况下，能植入更好的观点，能推动事情向积极美好方向发展的人，而这样的人往往拥有适应环境、不断改变自我的力量，看待事物拥有积极情感的态度，和最好的朋友或者是夫妻保持长期亲密、富有滋养和公平的关系，带着一颗感恩的心和爱去生活，让自己有一颗柔软慈爱的心灵，学会感激，有规律的生活，每周不少于3次的有氧运动和每天不少于7个小时的睡眠。

感受身边的幸福，我们还必须注意看问题时的信息选择机制，它就是一副无形的眼镜，积极情感的人从半杯水中看到拥有的半杯，从而带着感恩的心去接受珍惜，他们会有更强的感受和经营幸福的能力，而消极情感的人从半杯水中看到缺失的半杯，从而带着痛苦悔恨去怨恨生活、发泄情绪，即使幸福来敲他们的门，他们也会退避三舍，蜷缩在痛苦中故步自封。

情绪具有传染性，所以我们要尽可能和有积极情绪懂得感恩的人在一起，彼此拥抱，相互鼓励。尽可能地远离那些总是会带给我们负面情绪的人，或者是消极眼光的人：对于他们，比起开玩笑，抱怨更容易；比起笑，哭更容易；比起满足，批评更容易；比起仪式化，逃避更容易，比起改变，坚持守在原地更容易。所以远离我们所谓负能量的人，而和能感受幸福的人在一起，也会提升幸福感！

如果你的生活并不完美，还给你带来了很多的创伤，只要你有积极的情感，拥有能带给你能量的朋友，幸福感依然会和你相伴，因为偏执的追求并不能带来幸福，完美主义和幸福并不相容。幸福并不是欺骗或者说服自己一切都好，而是即便遇到不好的生活，也能找出积极的替代方法，接受改变。

我们说好的幸福，是从带着一颗感恩感激的心，接受不完美的生活，爱上不完美的自己开始，愿我们都在平凡的生活中与幸福相伴，有你有我，一念花开。

婚姻中的四大谎言，你中招了吗？

01

先来说说婚姻中的四大谎言，排名第一：今生只爱你！一生一世，海枯石烂这样的山盟海誓，现代人已经可以像背台词一样说得情真意切，或在求婚的单膝一跪时，或在结婚仪式的众目睽睽之下，或在微信邮件的表白中。若想走近婚姻，哪个女人不会问上一句，你究竟爱不爱我？哪个男人不会答上一句爱你而且从此只爱你？恐怕只有这样的对白过后，才能开始为走进婚姻做准备。直到多年以后，还会有女人带着一腔抱怨：“若不是当初他说爱我，而且这辈子只爱我，我怎么会嫁给他？”对啊，若不是当初他说爱你，只爱你，你又怎么会嫁给他？

或者当初说这话的时候真的是情真意切，可是这样的一句话说起来容易，做起来太难，要抵御多少诱惑，担负多少责任，包容多少分歧，是要忘记那个上学时候就想娶回家的初恋，还是要忽略和前女友说过的同样的告白，谁能保证这日后山山水水的行程，再也不会遇到一人走进心间陡然生情？

这一生，会遇到很多人，我们也许会在蓦然回首看见倾城一笑的时候有爱，或许会在彼此投缘欣赏合作愉快交流时有爱，或许会在低谷遇到鼓励安慰的温暖时有爱，不管如何，一生一世只一人的豪言壮语总会流逝在柴米油盐的一地鸡毛间，模糊了当初的誓言。

想想要做到这样的誓言真的好难，而老一辈从不见谁对谁说我爱你一辈子，却是相互搀扶一生相伴，争争吵吵不离不弃。和那代人相比，我们又少了点什么呢？

02

婚姻中的谎言排名第二：生个儿子，婚姻就保住了！老白在我们几个聚会的时候突然冒出来了一句：我婆婆让我再生个儿子，说如果这胎是儿子，她就去劝我老公回心转意，不要和我离婚了。老白此话一说，几个女人就炸开了锅：老白，你 41 了知道吗？且不说这几年因为你和你老公的事情折腾得身体不好，就算真的怀了，你就能确保一定是儿子，假如还是个女儿呢？老白，你老公为了和你离婚都分居快一年了，你别最后儿子给了别人生了，你这婚还是要离，最后还落个母子分离。老白，你婆婆多大岁数，你老公多大岁数，她能做你老公的主？……最后闺蜜“呸”了一声，这一屋子的几个女人哪个不是生了儿子，结果呢？都变成了单亲妈妈，亏你 40 多岁的人了，还信生个儿子婚姻就保住了这句话！房间立刻安静了下来……

那天出去吃饭，朋友还在路上，让我先拿号等位置。旁边一个阿姨带着一个五六岁的小女孩也在等位置。女孩有点调皮窜上窜下的弄脏了我的裙子，阿姨连连抱歉，就顺道给我讲了一个生了儿子就被抛弃的现实版故事。阿姨是小女孩的奶奶，女孩的爸爸出轨，提出离婚，理由就是女方没有为他生个儿子，女方自然是不同意，那个时候还没有放开二胎，女方为了挽留婚姻，辞掉了自己公务员的工作，专心备孕。后面更可笑的是，老婆和小三同时怀孕，老婆生了儿子，小三生了女儿，结果这婚姻稳定刚一年，老公还是提出净身出户只为离婚，两个孩子，儿子小就给了女方，大的女儿就给了男方。阿姨说起这个事情连声骂自己的儿子是当代陈世美，若不是看这孙女小可怜没人带，亲妈顾不上，后妈也不管，早就回了老家，眼不见心不烦……好笑吧，离了生了儿子的正宫，娶了生了女儿的小三，而提出离婚的理由竟是没生儿子。

离婚，真是因为没有生出儿子？那些在大人之间不能缓和解决的婚姻问题和矛盾，别指望生了个孩子就解决了，两个人的关系都处理不好，再多出来个老大老二，只怕关系更难梳理，所以在教育孩子的问题上分歧严重的家长，不单纯是因为对孩子的教育问题上有矛盾，而是本身的三观就有冲突。没有孩子也能一生厮守的案例自然是有的，有了儿子还是会对簿公堂分道扬镳也自然是有的，所以从来不是孩子的问题。

03

婚姻谎言的排名第三：婚姻的最佳组合，你负责貌美如花，我负责赚钱养家。说这话的时候女人尚且貌美如花，男人正在辛苦地赚钱养家。经济条件好的家庭，女人是旅游美容逛街，家务有钟点工做着，孩子有老人或者保姆带着，那些经济条件差点的家庭，女人身兼奥特曼的功能，是个全职的家庭主妇，这两者的共性就是心灵都得不到慰藉，反而与赚钱养家的老公差距越来越大。男人以赚钱为借口，忙得顾不上家里这个女人还是不是貌美如花的时候，婚姻的危机就开始了。

更可怕的是，岁月蹉跎，镜中的红颜不再貌美如花，身边的这个男人依然拥有赚钱的能力、上升的事业，而你还在过着手心向上的生活，还在对着一屋子的包包鞋子叹息岁月无情，这样的婚姻更多的恐怕是长夜漫漫，孤枕难眠，那个时候你还会相信你负责貌美如花我负责赚钱养家，是婚姻最好的组合吗？

我理解的婚姻最好的姿态是如舒婷的《致橡树》，我必须作为树的形象和你站在一起，根，紧握在地下，叶，相触在云里……

04

婚姻中的谎言第四：婚姻出现了问题，换个老婆或者换个老公，问题就解决了，婚姻就幸福了。小云是在有关部门的帮助下才结束了她的婚姻。她是初婚，老公是二婚，退伍军人，在一家不错的企业负责安保工作，小云家在农村，当初通过相亲认识现在的老公，大家都说老公人好、工作负责、热心肠，在单位口碑不错，而且有房有车，虽然离婚了，但是孩子跟了女方也没有什么经济负担，小云见老公人长得不错，个人条件也不错，就嫁了，两年后小云提出离婚，原因只有一个——家暴。老公好酒，酒后就爱动手，大事小事都喜欢动手摔东西，小云后来只要一听到老公回家就吓得发抖，特别是老公一听小云提出离婚，那更是手下无情。小云去找单位反映情况，单位的人说这属于你们的家庭问题，我们管不着，还说老公在单位是工作骨干，有什么事情两个人回家去商量。因为这个事情小云被打得在医院半个月没下床，有关部门才介入帮助小云完成了离婚的心愿，后来经过了解，他和上一任妻子离婚的原因也是家暴。

谢先生是一家公司的高管，因为孩子的问题和我聊过几次，在了解孩子情况的过程中，我也对这个家庭有了更深的了解。谢先生有三次婚姻，现阶段第三次婚姻也岌岌可危，说起来是对女人一肚子意见，小题大做，说风是雨，现在孩子都扔了不管。待了解孩子原因的背后才知道，谢先生三次婚姻都是同样的问题，暧昧加出轨，试问哪个女人能受得了这个？

这样的例子数不胜数，你以为一段婚姻出现了问题换个人就解决了。你以为他和他前妻之间一定是没有感情或者性格不合，遇到你才是遇到真爱？那恐怕也会遭遇和前任一样的结果。家暴不管是冷暴还是热暴，都没有哪个女人能承受，暧昧加出轨能成为离婚率的重大杀手，那也说明没有哪个女人能接受，不管是家里这个还是家外那个都需要安抚，若不把第一次婚姻中的个人因素改变了解决了，再换一个也是一样，只有先解决个人因素，再考虑两个人婚姻是否继续，你若嫌日子过得太安稳了，手里赚钱太容易了，那就尽管继续作，换十个老婆估计都是一样的结果。

有人开玩笑说，惩治小三最好的办法就是让她和自家老公去过一阵子，恋爱时我们只看到一个人的优点，过日子的时候我们只看到一个人的缺点，所以当日子除了吃饭喝茶看电影，还有你妈我妈、老大老二、洗衣做饭、头疼脑热生病和生意不好亏损时，也就不会再继续了。

无论什么情况，唯有先解决自己的问题，才能开始幸福的婚姻！否则即便身边人来来去去，幸福也只会擦肩而过。久处不厌，才是持久的婚姻！

05

愿得一人心，白首不相离是无数女人的理想和心声。为了这个理想，无数女人丢盔弃甲，一头扎进婚姻的城堡，洗衣做饭，生儿育女，无数女人在婚姻出现问题的时候放低身姿，极力挽回。但越来越高的离婚率让我们看到一颗颗失望斑驳的心，那一定是努力过、挽回过、哭过闹过、申诉过、劝说过、失望过、伤心过，直到最后，心灰意冷，无法改变，只能接受。

我们从不害怕婚姻中出现问题，而害怕的是出现了问题却不去面对解决，让癌细胞继续扩散恶化，制造更多的伤害。与其这样，不如从谎言中醒来，一个人面对这个真实的世间，没有期望就没有失望，没有付出的爱，就没有收获的伤。

选择和你在一起，是希望得到理解和支持，在这个现实的社会有温暖的手扶持；选择和你在一起，是希望有人说话和分享，在纷杂忙碌的生活中有个宁静的怀抱；选择和你在一起，是希望要么携手共进，举案齐眉，合力笑傲江湖，要么你是我的依靠和力量，在我遇到困难和无助时可以帮我扛起风雨，当然我也可以为你扛起风雨；选择和你在一起，是相信当初你说过的话，能走下去的是将承诺变成了行动，抵御着诱惑，背负着责任，坚守着自律，那些不能走下去的是将承诺变成了谎言，不自我反思，不自我纠正，明知错，却没有改变的力量；选择和你在一起，是想和你一起见证这花花世界，探寻这山山水水，但这并不表示我要在没有质量的婚姻中苟延残喘，当一切都成为谎言，当婚姻中的一方不作为，继续用你的爱在婚姻中作恶，那么还可以选择一个人将这世间的繁华尽收眼底，开启新的生活！

任何时候，女人要自立，不管是经济上的，还是精神上的，才不会迷失在婚姻的谎言中忘记了前方还有更远的路！

好的婚姻，是两个人都在努力

虽然每一年离婚的数据都在不断增长，但是每一年走进婚姻大宅的人们也在前仆后继。和以前的偶像明星选择隐婚相比，新一代的偶像们更愿意在镁光灯下分享自己的爱情，官宣自己的婚姻。

因为爱，所以我们在一起。

这几年我们在八卦新闻中因为爱一次次冲击着自己的心灵，润湿着自己的眼睛，女神嫁了，男神婚了。刘诗诗和吴奇隆巴厘岛完婚；陈妍希和陈晓，姑姑和过儿终于在一起了；张伦硕和钟丽缇这对相差 12 岁的恋人在一起了；舒淇终于在 40 岁嫁给了冯德伦；接着林心如和霍建华幸福的签了婚姻合约，罗晋和唐嫣公布了恋情，陈小春被应采儿收拾得服服帖帖……

在感情这条路上，波折和坎坷、情伤和失落对于在娱乐圈混的人来说再正常不过了，但是沧海桑田以后，他们还是相信爱、选择爱，坚定爱，他们最终放弃单身，因为爱而选择婚姻，那是给彼此最好的承诺！

有我在，让婚姻不离不弃。

好的婚姻，不是不吵架不矛盾不交战的婚姻，不是没有问题没有冲突的婚姻。而是当问题出现的时候两个人都能够积极面对来解决的婚姻，不逃避不推诿，不跨越婚姻的底线，不挑战婚姻的规则。对于不能解决的问题和冲突彼此给予包容理解和接纳。前几天在同学的朋友圈里看见她陪同父母去希腊拍的金婚照，50年了，同学的爸爸是个事业型的男人，经常一路风尘，在天上来来去去地飞，但只要是重要的家庭日子，或者是家里需要他出现的时刻，他一定会选择回家，向家人表示还有我在。

60多岁的曹阿姨家里有个车祸后腿脚行动不方便的爹爹，曹阿姨是在跳舞的时候突发疾病被送到医院抢救，在医院住了个把月才慢慢好转，她说在阎王爷那转了一圈，阎王没收又回来了。她说人昏迷的时候就在想我要是就这么突然走了，家里好多事情还没有交代，我家那个糊里糊涂的老头怎么办，他平时都是我照顾的，家里连钱在哪米在哪他都不知道。后来我虽然人没醒，但是总听见孩子在耳边唠叨说老头每天在家吵着要到医院来看我，就这样迷迷糊糊不知道过了多久终于醒了过来。等出院回家的时候，老头正在小区门口眼巴巴地守着，看见曹阿姨回来居然哭得像个孩子。

小梁是个90后的女生，结婚以后因为房贷压力，两个人的经济条件又不是太好，所以在花钱方面总是有矛盾，也是因为这个原因经常和老公吵架，唠叨老公的不是，几次说要离婚，还不如单身过得自在。后来发现她唠叨少了，也再也不提离婚的事情。问其缘由，她给我们分享了一个事情。她的皮肤不好，冬天一用电热毯身上就会过敏，所以她就想买两个质量好的热水袋放在被子里，睡觉暖和。老公一看好的热水袋小贵，便宜的质量也不放心，就一直不让她买，说自己就是她的暖水袋，这件事情让她心里很不舒服，觉得老公怎么这么小气。后来老公临时接到单位的外派任务，要出差半个月去处理，出差的当天小梁就在办公室里收到快递送来的暖水袋，老公买的，是她一直放在购物车没有付钱但是自己喜欢的那款，收到后老公微信就来了：没给你买暖水袋，是因为有我在……现在我出差了，怕你冷，所以赶紧给你买了……

“别怕，有我在，我已经找了几个医院咨询过你妈妈的病情，手术的成功率还是很高的，如果自付费用太高，我们可以把准备换车的钱先拿出来给妈妈看病，车子不换也行，好好睡觉！”

“别担心，有我在，等我出差回来教训他，给你出气啊，别生气了啊！那孩子好歹是我们亲生的。”

“别着急，有我在，我已经通知了保险公司，他们会和你联系，我把手上的事情忙完就过来，真是我们的责任，我们就赔钱给人家好了，不担心啊！”

“不害怕，有我在，我在手术室外面等着你，让你出来的时候第一眼就看见我！”虽然我在医生那里签字的时候被医生的话吓得手都是颤抖的。

她说她在外面玩的时候，超过 11 点必须回家，这是她和老公共同制定的规定，不管谁出去了，12 点之前必须到家，开始觉得有点受束缚，后来觉得回家有个人等着自己才睡觉很幸福。而老公出去，她也一定会开着夜灯等他回家。

她说她的每一条朋友圈第一个点赞或者留言的多半是老公，他关注着她，分享着她的喜怒哀乐，这真的很好。

他说，我出差的时候，必然会提前告知她大概行程，不是监控，而是理解她的担心。

他说，我们分居两地，但是每个周五的下午我必然坐上返程的高铁赶在晚饭前回家，雷打不动，风雨无阻，不加班不应酬……

这些不是煽情的文字，是生活中真实发生的画面。男女双方会为了花钱争吵，会为了孩子的教育问题有矛盾，有鸡毛蒜皮的不开心、不愉快，有你出差几天我一个人自由自在的窃喜，但是，你需要我的时候，出状况的时候，我一定在，那是我们一起回家的路！

好的婚姻，一定是两个人一起努力。所有能够继续走下去的婚姻都是因为两个人都在努力。谁都难免会有迷失的时候，一方能够愿意选择原谅，是因为另一方用实际行动在回归家庭，用真诚在改变自我，将矛盾中的伤害立即停止，将开了小差的迷失迅速拉回，证明自己值得原谅。

在婚姻中一个人的努力就犹如在看不见阳光的地狱中穿行，你的温暖会被寒冷冰冻，你的热情会被负能量吞噬，你不是变成泼妇就是变成怨妇，焦虑和抑郁会成为你情绪的常客，你不光没有挽回婚姻，有一天你会发现，你甚至还失去了自己，这样的婚姻，我们看到的只有一个人。

婚姻中，女人们从来不惧怕风雨，而是害怕疏离冷漠，害怕出现问题逃避而不作为。只有一个人在努力的婚姻没有继续的必要，就像有个笑话中说的：这样的女人，在我们村叫寡妇。

婚姻从来不是必需品，而幸福快乐的生活才是必需品。与其在一个人努力的婚姻中苟延残喘、卑躬屈膝，别人还不把你当回事，不如换个活法，至少活得有几分颜色，有几分精彩，有几分尊严！

在婚姻里可以读到最真实的人性，光辉的人性让婚姻即便曾经有过瑕疵，在回归后依然会让人祝福让人感动，有的即便最后选择分手，也是悲伤中有温暖的处理方式，而阴暗的人性让婚姻即便是以爱之名开始，还是以恨之名结束，婚姻中的伤害仅次于死亡带给人的精神残害，会给人沉重的打击。

好的婚姻，一定是两个人一起努力。我们记得当初的誓言，我们共同解决出现的问题，我们分享彼此的痛苦和快乐，我们在风雨飘摇中携手前行，我们有信任和自由的空间，我们有包容和理解，我们有坚守和把持的底线，我们有尊重有亲昵，有争吵有矛盾，我们是彼此安全和可靠的伴侣，我们是 0. 5+0. 5＝1 的其中一半。我们一起走过生老病死，不离不弃，我们有爱，我们记得回家的路，夫妻原本是过命的交情，是出现状况时的紧急联系人，是爱人是亲人是盟友，那才是婚姻该有的模样！

什么样的女人，容易遇到渣男？

2018 年 8 月 20 日武汉公安局反电信网络诈骗中心对媒体说，今年以来，多名女性在婚恋网站交友被骗，被骗女性学历不低，有的是博士、大学老师，其中一名女性被骗 260 万……当情感遭受了欺骗，还要在经济上受到损失，要一份真情怎么就如此之难？

这样的“渣男”，他们善于伪装，让女性在短时间内无法分辨，只能说谁遇到谁倒霉。何谓“渣男”？不同人给予了不同的评价标准，他们形形色色道貌岸然，骗财骗色骗情，不负责任不作为不担当。为何有的女性遇到的男人正直勇敢，有担当有责任感，是一个不错的男朋友，或者是一个尽责的老公，而有的女性遇到一个是“渣”，遇到另一个还是“渣”，将自己伤到遍体鳞伤不说，还让自己陷入了深深的情绪障碍之中，被那些喜欢指点的人评论得一无是处，或者被骗去钱财，余生再也不敢相信和奢望爱情。

是何等魔咒让她们总是与渣男相遇？

一、悲天悯人救世主情怀型

这类女性，她们有着悲天悯人的救世主情怀，即便知道面前这个男性有和自己价值观或者道德观相悖的地方，依然选择孤身涉险，相信人性本善，觉得自己有超人的力量能够去感化他、改变他。有些人真的会悬崖勒马、浪子回头，从此开始步入正常的生活轨迹，珍惜眼前的生活。而“渣男”们，他们接受着你的各种付出，然后做了错事就会无辜地看着你，改不了，因为没有能力改变，需要你帮我，然后你再继续付出感化，然后他依旧如此，你耗费了大量的时间精力、财力、物力和无私无畏的情感，最后发现，一切都是周而复始的循环。他们的渣在于像一个血吸虫一样黏附与你的身上，吸着你的血强大着自己，等把你吸得差不多的时候，已经没有力量无条件付出和原谅的时候，你开始有要求会指责他的时候，他毫不留恋一转身上了另一条船，不管你死活。

悲天悯人救世主的女人们，那些自己都不愿意醒来的灵魂，你又如何能唤醒？

二、急于脱单型

周围的人里，某某婚了，某某嫁了，某某生了大宝，某某已经开始准备生二宝了，某某在七夕收了老公的520元红包。有个小朋友说每个周末寝室就剩下我一个，其他的姐妹们都和男朋友约会去了，我痴痴呆呆地站在窗户前，幻想楼下有个男生也会喊我的名字抱着吉他给我唱上一首情歌。有个年纪较大的朋友说每次过年回家，讨论最激烈的话题就是为什么她还是没嫁，哪怕路边捡回来一个男生，也省得这么大还在家里丢脸。急于脱单不管是为了摆脱催婚的环境，还是为了在同龄人间挽回一点面子，只要有个男生出现在这个合适的时间点，他的过往、他的曾经、他的人品、他说的话、他的成长环境等估计都来不及考究，就直接宣告我脱单了。当时间比眼睛会看人的时候，才发现面前的男生并不是那么合适自己，有着纠缠不清的前任，有着暧昧来往的现在，而自己无非是适合结婚的对象而已。只是为了完成彼此结婚的任务，然后在一个屋檐下你过你的，我过我的。

急于脱单的女人们，那些说着流言蜚语的人不能替代你过自己的生活，他们的脚没有穿在你婚姻的鞋子里，只是喜欢不痛不痒地对别人的生活指手画脚用来丰富自己的无聊生活，而你的脚是穿在你的鞋子里，是合适舒服还是磨破挤脚那只有你自己才知道，对自己生活负责的人只有你自己。单身不可怕，可怕的是遇到一个渣男，结婚了还过着连单身都不如的生活，却对外人无法启齿。

三、打发时间摆脱寂寞型

以情感作为生活最大的调味剂和必需品的女人们，更容易成为渣男们猎取的对象。那些以为谈一场恋爱、结一场婚就能让你从此有人陪伴、不再寂寞的女人们，那恐怕只能让你失望，要不哪里来的丧偶式育儿和守寡式婚姻。如果仅仅需要一个人来填补寂寞和孤单，恐怕就会走眼于一时的甜蜜而忽略了人品。

有人爱的日子好好爱，没人爱的日子好好赚钱，天上掉下来的桃花总要看看质量，没有人能一直填补你内心的孤单和寂寞，唯有自己才能充盈自己的内心。

四、逆来顺受型

不管对方如何，都逆来顺受，有人说，男人越来越作就是这类女人惯的，被打了一次，赔礼道歉之后原谅，再被打，再道歉然后再原谅。出轨一次，原谅了，之后再出轨，再原谅，之后再出轨。赌博一次卖了家里的东西，原谅了，然后再卖，最后孩子的学费都拿去赌了。还有一种吸毒的，那真是周围能骗的能哄的都拿走了，最后老婆赚钱还供不起他吸毒的时候还要被打。当对方一次次挑战你的底线，已经发现你的善良变成了软弱，你的宽恕变成了没有原则和底线的时候，他就会一次次继续。

让你的善良有底线，让你的爱有原则。

这些年听了很多的故事，以买房假离婚，然后转移了所有的财产，最后变成了真离婚，原配一分钱没有的；公司出现经济纠纷，还不上了，自己跑了，老婆成了替罪羔羊，被人追债；有在外装好人，在内冷暴力到老婆精神分裂的，有习惯性出轨的，有老婆在医院做宫外孕手术，这边和情人还在外面幽会的……

婚姻是女人此生最大的豪赌，如果不小心遇到了，那么及时抽身，别让自己越陷越深才是最明智的选择，正是因为曾经遇到这样的人，才让女人们成长，懂得分辨，且不再轻言永远。

所有的创伤都需要清理，需要时间疗愈，直到内心重新回归宁静和美好，不再指责自己，不再懊悔过去，不再让心里怨恨和哀伤的种子生根发芽。那些你以为迈不过去的坎，等你回头看时，原来也不过如此，而你要做的就是不断成长，千万不要以受害人的姿态活在未来的每一天。你以为你的千疮百孔会给对方无尽的愧疚，那你错了，因为对于渣男而言，带给你再大的伤害，对于他什么都不是，他早就开始新的情感和新的生活了。

清理、疗愈、告别、放下，负能量会彼此传递，正能量也会相互影响，别将你受到的伤害传播给你周围的朋友、孩子或你未来新的生活，遇到渣男不是你的错，放过自己，放下过去，愿你的余生活在爱和温暖里！

最浪漫的事，是我陪着你慢慢变老

看多了男女之间的纷争，不是因为财产，就是因为小三，不是三观不和，就是教育理念不同，原本在一起的两个人，不是变成了“渣男”，就是将自己变成怨妇，从此再也无法同行，是伤悲是遗憾，还是庆幸或轻松，于是今天想写另外几个小故事，愿所有的相遇，都能够温暖相待！

故事一：他认识她的时候，他26岁，她33岁，他单身，她离异。她是他商务英语培训班的老师，他在家族企业上班，为了在外贸中更方便和外国人沟通，他利用业余时间来补习英语。

她的课程风趣幽默，在课堂上她浑身上下都闪耀着光芒，让他挪不开眼睛，他开始疯狂追求她。她说：“我们不可能，我比你大7岁，我离过一次婚。”他不听也不管，白天她上班，他也上班，晚上他来听她的课，然后等她放学送她回家。寒来暑往一年，她对他说：“我们不合适，你不要在我这里浪费时间，你应该把时间用去追求适合你的女孩子，那些和你年龄相当的，那些可以为你生儿育女的，你这样守着我，把我身边的追求者都吓跑了，你让我以后怎么嫁人？”他说：“我就守着你！”

春夏秋冬又一年，生病了他给她送药，带她看病，早早去医院挂号；她打球的时候腿扭伤了，他每天开车接送她上班下班，背她上楼下楼；她出去度假，他会探听行程，追到她的城市，人为地制造邂逅，她的心渐渐融化，她开始关注姐弟恋的明星故事，她开始憧憬她和他是否会有未来。

那天是她的生日，他开车将她带到海边，他和着音乐唱起了《最浪漫的事》，满天星空，璀璨熠熠，她说："我比你大，我会比你先老去，你会嫌弃我，我们不合适。"他说："不管你比我大多少，我都会陪着你慢慢变老，你走不动了，我就背着你，你牙齿不好了，我就给你煮面条，你满脸皱纹了，我就把我脸上也捏出褶子陪着你。我最大的心愿，就是陪着你，看着你，然后和你一起变老。"

他看着她一脸真诚："大海为证，星星为见，我爱你，不在乎你多大多老，是否生病是否好看，我就是和你在一起感觉踏实快乐，希望你成全，相信！"

终于他带她去见了家长，他是家族企业的继承人，有多少候选的女孩子正在经过父母的法眼挑选，他却带回来一个没有身世背景、没有家财支撑、离异，还比他大 7 岁的女子，如何能接受，那是一场家族的地震，他的经济来源被切断，他的车和权利都被收回，他的妈妈以死相逼，对他们说："假如你们一定要在一起，我就悬梁在你们家门口。"

他突然就没有了踪影，她没有去寻找，一切她都理解，她默默换了工作、换了手机、换了住址，从此他们再无交集。

再见是十年之后，那一年他 36 岁，她 43 岁，在城市中央大商城的停车场里，他停车，她也停车，他们偶遇，相对两无言，一阵沉默之后竟然不知道说什么。终于他问："你还好吗？"她答："很好！"他问："一个人还是结婚了？"她答："一个人，因为不敢信了。”他的手机响了，女人尖锐的声音在地下停车场散开：“你怎么停个车这么久啊，两个娃跑来跑去的，我一个人看不住，你赶紧上来。”他的眉头皱了一下：“找了一会停车位，马上就来。”她往商场入口走去，他冲着她的背影喊：“我结婚了，有了两个女儿。”她停下脚步没有回头：“刚才我听到了。”

他望着她的背影酸甜苦辣，突然一种抽搐的痛感侵入体内：原来他还那么深刻地爱着她，从未忘记，即便十年过去，这份感情从未淡去，只是埋在了心里的某个角落从来不敢去触碰，此时面对她，她的头上有了白发，她的眼角有了细纹，他的胸口一阵疼痛：“她是我爸爸商业伙伴的女儿。”

她不语，继续前行，他冲着她的背影喊：“是我食言了，当时我受不了那么大的压力，我一个月不吃不喝，瘦了 20 斤，但是他们依然没有放过我，对不起、对不起，是我食言，但是我从来不曾忘记我说过的话，我要陪着你到老，那是我此生最大的心愿，现在还是。”

“可是我已经忘记了！”她没有回头，她怕他看见她眼中滑出的泪滴。

故事二：

他向她求婚的那天，整间咖啡厅里放着《最浪漫的事》。他拿着玫瑰出现在她的面前，让她无比意外，之前她是被闺蜜骗到这里来喝咖啡的，却不知道还有这么大一个惊喜。他说：“我在露台种上你喜欢的玫瑰，等老了，我们就去买两把摇椅，坐在玫瑰中给我们的儿子、孙子、曾孙子讲我们的爱情故事，如果有一天他们都听腻了，那我们就互相讲，你讲我听，你听我讲，讲讲我们曾经去了哪里，讲讲你摔坏了几个碗，讲讲我炒煳了几次菜，对了，如果那个时候我要亲你，就一定提前要把我们两个的假牙摘下来，免得挂在了一起……”听到这句她笑了，眼睛里有泪，他说：“嫁给我吧，无论任何时候，你都是我今生今生手心里的宝。”

在亲朋好友的祝福中他们去领了证，等到房子装修好了就准备举办婚礼。听人说南方的家具灯具又好又便宜，放假的时候他们就开车往南方走，准备去玩玩，顺便看看有没有喜欢又合适的家具，高速上一辆大货车失控迎面穿越栏杆撞了过来，那一瞬间，他打了方向盘，将自己的那一面迎向了大货车，而将她转到了自己身后。空白之后，她在医院多处骨折，而他据说在ICU进行治疗，因为她行走不便无法探视，她在心里想一定要快点好起来，这样才能去看到他，看看他究竟怎么样了，他一定也在担心她，只是在ICU的昏迷中也没有办法来看她。

于是她很积极地配合医生吃药打针治疗，直到她可以出院，并且拄着拐杖走路，她坚持要去看他，双方的父母才告诉她实话，车祸那天他就走了，打转的方向盘护住了她的命，只是担心她不好好治疗，才一直没有对她说实话。

她伤痛欲绝，不吃不喝，只求与他同去，从此再也没有力气行走，眼泪每天伴随着她，他们推着她去了他的墓地，照片上的小伙子眉清目秀，阳光帅气，他的妈妈说：“如果他知道你现在的样子一定会很伤心，虽然他不在你身边了，但是他一定在世界的某个地方看着你陪着你，直到见证你老去，那是他本来准备在婚礼当天说给你听的话。所以你要好好活着，让他安心！”

每一年过节清明放假，她都会来看他，别人的墓前放着菊花，而他的墓前放着百合，她记得他说过他们要一起白头到老。一年又一年，当第九个年头到来的时候，她不是一个人来，她的身边多了一个他，一个高大英俊的男生，他陪着她来看他，他听说关于他们之间所有的故事，他说："我们要结婚了，以后每一年我都会和她一起来看你，我也会继续完成你的心愿，陪着她一起到老，在露台上种上玫瑰，在摇椅上说说这些年发生的故事，相信无论你在世界的哪个角落都会听到，放心，我一定会善待她直到永远！"她哭了！

故事三：

他和她已经是70多岁了，他心脏病发作被送到医院抢救，这边正在抢救他，那边她却在手术室门口也倒了下去，家属通知孩子们到医院的时候，两个老人都在手术后的危险期，为了方便照顾，医院把两个老人安排住在了同一间病房，孩子们轮班值守。几天后，两个人渐渐恢复过来，可以简单行走，吃点流食，女儿去打开水回到病房，听到他说："这次我还真怕我过不来了，也怕你过不来了。"她说："我也怕。不过想想要是两个人都没有过来，我们还有个伴。"他剥了个香蕉递给她："想想这辈子也没什么遗憾了，娶了你是我最大的幸福，还给我生了两个孩子，我呢，年轻时候身体不好，一直担心我走在你前头，你一个人照顾孩子太苦了，好在现在也总算陪着你走到了老。就是觉得有点委屈你，当初结婚的时候条件不好，啥也没有，我们两个的行李放在一起就算结婚了。要是这次好了出院了，我还想给你补个婚礼呢，让你也穿一次婚纱，算是真正嫁给我了。"

她笑了说："我这个岁数了，还穿婚纱，那不是成了个老妖怪。"

他说："那怎么会呢？你在我心里啥时候都好看！"

一个月以后，在孩子们的操办下，这对结婚50年的老人举办了一场金婚纪念典礼，她穿上了婚纱，笑得幸福而美好，他穿着西服笑的憨憨的像个少年。对着亲戚朋友们，他说："这一辈子我们也没说过你爱我、我爱你的话，哪里说得出口啊。50年了，感谢她不离不弃地陪着我，我最大的爱就是好好地、健康地活着，陪着她继续老去，一起过55年，过60年的婚礼庆典，大家们一定要再来啊！"

满座祝福，满座泣然！

男女之间，最浪漫的事就是我陪着你一起慢慢变老，无论沧海如何桑田，无论世事如何无常，无论风雨何时会来，我们的心从不分离，我们的手从不放开。人间，最温暖的是爱，最绵长的是爱，愿天下所爱之人，都能携手到老。愿所有的遇见，只为真情相待！

人间聚散，无关风月

一个人若想从一段感情中抽离出来，他可以有这样的一些理由：

1. 我觉得太累了……
2. 我觉得我配不上你……
3. 我觉得你什么都很好，是我太作……
4. 我觉得我们性格上合不来……
5. 我妈妈好像不是很喜欢你……

一个人若想从一段感情中抽离出来，他还可以有这样的一些理由：

1. 你离我太远了，我不能接受异地恋……
2. 你家房产证上为什么不能加上我的名字……
3. 关于彩礼的钱一分都不能少……
4. 我觉得你的个子有点矮……
5. 我们的饮食习惯不太一样，我吃辣椒会过敏……

当然，一个人若想从一段感情中抽离出来，他可以有无数个理由……

一个人若想进入一段感情，他可以有这样的理由：

1. 我爱你……的一切……

2. 和你在一起，我觉得做什么都很开心，而且很有安全感……

3. 你的笑容很让我心动……

4. 能够遇到你，是老天送我最好的礼物……

5. 陪你一生一世是我最大的愿望和期待，希望你能给我这个机会……

一个人若想进入一段感情，他还可以有这样的理由：

1. 我妈妈很喜欢你，想邀请你去我家吃饭……

2. 植物园的玫瑰花开了，我们一起去看看吧……

3. 你下夜班回来，我不放心，我会每天去接你……

4. 我买了你喜欢那场电影票，这个周末我只想和你在一起……

5. 你是我见过最好最优秀的女(男)人……

当然，一个人，想进入一段感情，他也可以有无数个理由……

他和她认识的时候，她说："我不会做家务，而且也不喜欢进厨房。"她是独生子女，父母对这唯一的女儿很是照顾，家境优越的她对柴米油盐有着天生的弱智。

他说：“我就是喜欢你的简单干净，和你不落入红尘的清纯，家务有我做，不行还可以请钟点工，我找你，就是喜欢这样的你，我又不是要找个保姆，你的手就用来弹琴，你的脚就用来跳舞……”

婚后几载，宝宝出生了，他提出离婚。

她问：“为什么？”

他答：“你什么都不做，家里什么心都不操，我感觉累了，我压力很大。”

她说：”你不就是因为当初我这个样子，才来追求我、娶我，要和我在一起吗？”

他答：“当时是当时，现在是现在，我娶老婆，又不是娶个大小姐……”

她说：“我和你一样在赚钱养家，共同承担家庭责任，怎么就是大小姐了。”

他说：“因为你不做家务，也不进厨房……”

……

她和他认识的时候，他不喜欢孩子，在之前他也交往过一些女朋友，但是大家都更愿意发展到一定阶段就结婚生子，完成人生的两件大事，而他总是逃离一样地跑掉。直到遇到她，她也不喜欢孩子，两个人彼此欣赏，自由自在无拘无束，于是他们决定结婚，理由是他们对婚姻达成了共识，不要孩子，同时制订了关于“丁克”的家庭计划，一路行来相亲相爱很享受这样的生活，婚姻走到第12年的时候，他42岁了，他突然说：”我想要个孩子了。”

那年她40岁了，去医院检查，医生说她怀孕的几率很低，而且还不能保证孩子完全健康。承担一个可能不能怀孕或者不能健康的孩子出来，她不敢冒这个险，她还是更喜欢现在的生活。

他说：“我也问过医生，他们说只要女方年轻，这种问题出现的概率就很少，会出现这样的概率是因为你年龄大了。”

于是他们离婚了，理由是他想要个孩子，而她的身体满足不了这个愿望。

人间聚散，从来无关风月，我看到你的那一眼，我心动我喜欢，我要和你在一起；我看到你的时候，我厌烦疲惫，我想要离开。即便你还是你，从来不曾改变，即便我还是我，也从来不曾改变，改变的只是人心。

人间聚散，从来无关风月，你在不停地学习改变，越来越美越来越好，越来越优秀，而我想离开的理由只有一个，我配不上你了；即便你什么都不学，会老会生病，会偷懒会任性，他不想离开的时候，只会觉得你这一切无非是换种方式的撒娇。四季依旧，寒来暑往，不同的只是感情。

男女之悦，初见之喜，两人约定，我们要永远永远在一起，永远有多远，不知道，可能是两公里的距离却再也不见，也可能是千里之隔，在你需要的时候我买一张机票来到你身边；玫瑰铺地，百合绽放，婚礼之时众人祝福要白头到老，那是我们在婚书签字盖章时的约定，然而有多少伴侣能在大雪冬日的浪漫中白头，却无法在到老的人生中白头。

男女会用契约、信誉、责任来规定聚散，当愿意相聚时，自然是记得这些，当愿意散开时，心已在远方，留下的躯体除了让关系雪上加霜，又有何用？是耗尽半生互相折磨，还是苦苦纠缠绝不放手？每个人都有每个人自己的答案。

你还在纠结是不是小三惹的祸，你还在纠结是不是自己不够好，你还在纠结是不是没有生老二，你还在纠结是不是房子不够大，你还在纠结是不是孩子不争气……或者什么都是，也或者什么都不是，人间聚散，从来无关风月，只在人心。

斗转星移，沧海桑田，万事万物皆以我们无法掌控的速度变化着。失去的未必是永恒，得到的未必是永久，痛苦中也会有收获，快乐中也会有遗憾，唯有保持一颗从容淡定、自信温暖的心，才能在人生之路上活出真我，所向披靡。爱护好自己的心灵，守护好自己的初衷，当你愿意用友善的眼光看待世界，世界也会回应一份友善。一花一世界，一念一菩提。